Selbst bauen mit Holz im Garten

Wohngärten mit Holz kreativ gestalten

Gartenhäuser, Lauben und Pavillons bauen

Weltbild

Selbst Wohngärten mit Holz kreativ gestalten

Inhaltsverzeichnis

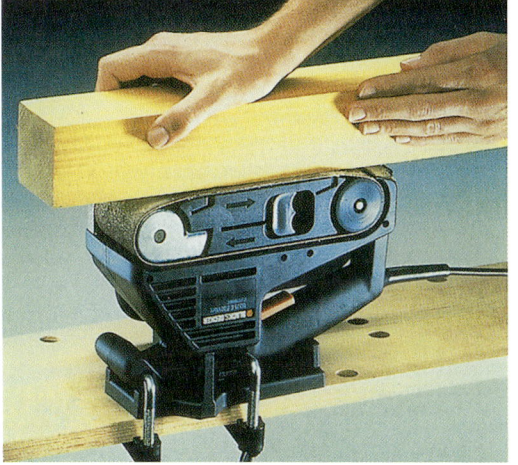

Selbst Gartenhäuser, Lauben und Pavillons bauen

Arbeitsanleitungen

Wohngärten mit Holz kreativ gestalten

Gartenhäuser, Lauben und Pavillons bauen

Weltbild

Band 1

Abbildungsverzeichnis

Die nachstehend aufgeführten Personen und Firmen haben Bildmaterial bzw. Illustrationen zur Verfügung gestellt. Da sie damit zur Gestaltung dieses Buches beigetragen haben, möchten wir ihnen für die freundliche Unterstützung herzlich danken.

Arbeitsgemeinschaft Holz e.V.
Füllenbachstraße 6
40474 Düsseldorf
Tel. (02 11) 4 78 18-0

Holzhaus Schneider GmbH
Gewerbestraße 3
42929 Wermelskirchen
Tel. (0 21 96) 10 15-16

Werth-Holz GmbH + Co. KG
Therecker Weg 11
57413 Finnentrop-Rönkhausen
Tel. (0 23 95) 1 89-0

Black & Decker
Black & Decker-Straße 40
65510 Idstein
Tel. (06 12) 69 21-0

Robert Bosch GmbH
Postfach 10 60 50
70049 Stuttgart
Tel. (07 11) 8 11-0

Anton Hinkofer GmbH
Brachvogelplatz 6
81243 München
Tel. (0 89) 83 79 12

Deutscher Holzschutz-Verband
Moselufer 32
56073 Koblenz
Tel. (02 61) 4 20 26

OSMO - Ostermann & Scheiwe
Hafenweg 31
48155 Münster
Tel. (02 51) 6 92-0

Fotos:
Arge Holz: S. 10, 25 u., 34 u., 37
Black & Decker: S. 5 (1), 47–49
Bosch: S. 83–86
Holzhaus Schneider: S. 90 (2), 91 u., 92 (2)
Müller, Titus: S. 66
Osmo: S. 31, 32/33 (10), 35, 36, 65, 81
Pixelio.de/Matthias Lohse: S.43
Redeleit, Wolfgang: S. 5 (1), 21 (2), 26/27 (8), 39, 40, 41, 42, 43, 48, 52 o.l./u.l., 56, 58, 59 o., 60–63 (10), 69 (4), 75, 76–79 (69), 89
Seitz, Wolfgang/edition VASCO: S. 4 (2), 11, 12, 13, 14 (2), 15, 16, 17, 18 (2), 20 (5), 21 (6), 22 (2), 23 (3), 24, 25 o., 28, 34 o., 35 l.u., 50/51 (5), 52 r., 53, 54 o., 59 u., 64, 67, 72, 73, 74, 88 (2), 91 o., 93 u., 94 (3)
Stehr, Rainer: S. 54 (m./u.)
Werth-Holz: S. 57, 80

Illustrationen:
Werth-Holz: S. 55, 67, 70, 71
Bosch: S. 87 (Arbeitsanleitung)
Deutscher Holzschutz-Verband/CMA: S. 73 (3)
Osmo: S. 8 (3), 9, 19 (3), 29, 30

Ein Wort zuvor

Selbermachen – ein Hobby, das heute für Millionen zur sinnvollen Freizeitbeschäftigung geworden ist. Ob es sich nun um die gemietete Altbauwohnung oder um die eigenen vier Wände handelt, mit etwas Geschick und einer fachmännischen Anleitung lassen sich oft verblüffende Ergebnisse erzielen: bei kleineren Reparaturen, beim Renovieren und Verschönern und beim Um- und Ausbauen.

Und Selbermachen bringt Spaß. Freude an der eigenen Arbeit, deren Ergebnis man Tag für Tag sehen und »bewundern« kann; es spart Geld, mit dem sich langgehegte Wünsche erfüllen lassen, und es macht unabhängig von Handwerkern, auf die man womöglich wochenlang und schließlich vergeblich gewartet hat.

Fachgeschäfte, Heimwerker- und Baumärkte versorgen den Hobby-Handwerker mit allen Werkzeugen und Materialien, die er braucht. Doch richtiges Werkzeug und Begeisterung allein reichen nicht aus. Unerläßlich sind eine gründliche Vorbereitung und

Fachkenntnisse, wie eine Arbeit durchzuführen ist und was dabei zu beachten ist.

COMPACT PRAXIS **Selbst Wohngärten mit Holz kreativ gestalten** zeigt, wie man's macht. Mit wertvollen Tips und Tricks, die sich in der Praxis tausendfach bewährt haben. Jeder Arbeitsgang wird ausführlich Schritt für Schritt gezeigt und in Bild und Text erläutert. Übersichtliche Symbole zeigen auf einen Blick, mit welchem Schwierigkeitsgrad, welchem Kraft- und Zeitaufwand Sie bei jedem Arbeitsgang rechnen müssen, welche Werkzeuge Sie brauchen und wieviel Geld Sie durch Ihre eigene Arbeit einsparen können.

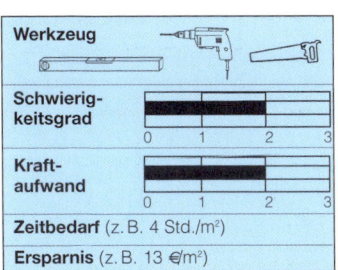

Werkzeug			
Schwierig-keitsgrad			
0	1	2	3
Kraft-aufwand			
0	1	2	3
Zeitbedarf (z. B. 4 Std./m²)			
Ersparnis (z. B. 13 €/m²)			

Und so stufen Sie sich richtig ein:

Schwierigkeitsgrad 1 – Arbeiten, die auch der Ungeübte ausführen kann. Es ist nur geringes handwerkliches Geschick erforderlich.

Schwierigkeitsgrad 2 – Arbeiten, die einige Übung im Umgang mit Werkzeug und Material erfordern. Es ist handwerklich durchschnittliches Geschick notwendig.

Schwierigkeitsgrad 3 – Arbeiten, die fachmännische Übung erfordern. Überdurchschnittliches Geschick ist erforderlich.

Kraftaufwand 1 – Leichte Arbeit, die jeder bequem erledigen kann.

Kraftaufwand 2 – Arbeiten, die eine gewisse körperliche Kraft voraussetzen.

Kraftaufwand 3 – Arbeiten für kräftige Heimwerker, die keine »Knochenarbeit« scheuen.

Am Anfang steht die Planung

Wenn Sie Ihren Garten selbst planen, bepflanzen und natürlich auch nutzen, werden Sie vielleicht auch Lust haben, selbst Hand anzulegen. Mit Sicherheit können Sie Ihr grünes Refugium dann so gestalten, wie Sie es möchten, haben mit der Eigenleistung auch gleich zwei Fliegen mit einer Klappe geschlagen. Geld gespart und eine Art Ausgleichssport betrieben. Gerade Menschen, die viel drinnen arbeiten, am Schreibtisch sitzen, sehen Arbeit in und am Garten als absolute Entspannung. Ganz zu schweigen von dem persönlichen Erfolgserlebnis.

Mit den richtigen Anleitungen und dem passenden Werkzeug können Sie viele der anfallenden Arbeiten ganz gut fachgerecht und in Eigenregie erledigen.

Wenn Sie nun entschlossen sind, Ihren Garten mit Holz kreativ zu gestalten oder auch neu anzulegen, ist es ja nicht damit getan, im Gartenfachmarkt oder im Bauzentrum ein paar Palisaden, Beschläge und Pflanzen zu kaufen. Es gilt auch, **Fundamente** für Zäune, Windschutzwände, Wäschepfosten, Pergolen oder das Gartenhäuschen zu gießen. Dazu kommen kleine **Erdarbeiten**, z. B. Verlegung von Leitungen, Anlegen eines Teiches, Bau eines Grillplatzes, Verlegen von (Holz-)Pflaster. Und dann natürlich die **Holzarbeiten**, die Ihrem Garten den richtigen Touch verleihen: Wärme und Natur, kombiniert mit Pflanzen.

Im Handel gibt es eine ganze Reihe ausgezeichneter **Endprodukte**, eine umfassende Palette an Beschlägen, viele **Bausätze**, die wirklich kaum Kenntnisse – dafür aber Geschick – erfordern und viele **Halbfertigprodukte**, die Sie selbst oft nicht so einfach und vor allem günstig herstellen können. Informieren Sie sich rechtzeitig und ausführlich, denn manche Bausätze (z. B. Blockbohlen-Häuser) haben längere Lieferzeiten. Sie sparen sich damit Zeit und Kosten.

Bauvorschriften müssen beachtet werden

Sie möchten selbst bauen? Kein Problem, wenn Sie die Anleitungen genau befolgen und etwas Geschick mitbringen. **Doch: Innerhalb der Grundstücksgrenzen dürfen Sie noch lange nicht alles machen, was Sie gerne möchten.** Der Gesetzgeber hat da manchmal auch ein Wörtchen mitzureden.

Die Baubehörden wenden ein Regelwerk an, dass das Gesamtbild der Städte und Gemeinden bewahren soll. Und sie regeln das nachbarschaftliche Miteinander. Wer hat es schon gerne, wenn sein eigenes Grundstück von meterhohen Mauern, Zäunen, Anbauten und Gartenhäusern regelrecht erdrückt wird?

Wenn Sie also in einer Reihenhausanlage wohnen, können Sie nicht einfach Ihren Gartenzaun völlig anders gestalten, als es in der Siedlung üblich ist – und auch genehmigt wurde. Und so einfach können Sie auch keinen Wintergarten oder ein Gartenhäuschen aufstellen. Meist handelt es sich dabei um bauliche Anlagen im Sinne des Gesetzes.

Bis auf wenige Ausnahmen sind die Bauordnungen der einzelnen Bundesländer identisch.

Bauliche Anlagen, so legt es die Bauordnung fest, sind mit dem Erdboden verbunden, aus Baustoffen oder Bauteilen hergestellte Anlagen. Eine Verbindung mit dem Erdboden besteht auch dann, wenn die Anlage durch eigene Schwere auf dem Erdboden ruht oder auf eigenen Anlagen begrenzt beweglich ist oder wenn die Anlage nach ihrem Verwendungszweck dazu bestimmt ist, überwiegend ortsfest benutzt zu werden.

Gut geplant: So kann ein attraktives „Zimmer im Grünen" aussehen

Auch Aufschüttungen und Abgrabungen sowie Kraftfahrzeug-Stellplätze (ohne jeden Aufbau) gelten als bauliche Anlagen. **Gebäude** sind selbständig benutzte Anlagen, die überdacht sind, von Menschen betreten werden können oder dazu bestimmt sind, dem Schutz von Mensch, Tieren oder Sachen zu dienen, also z. B. Garten- und Gerätehäuser.

Diese Bestimmungen können durch Kommentare, Ergänzungen und Ausführungen von Ort zu Ort ganz unterschiedlich ausfallen. Bei speziellen Fragen werden Sie um die Beratung durch einen ortskundigen Architekten kaum herumkommen. Der erste Schritt aber sollte immer ein Anruf bei der örtlichen Baubehörde oder Lokalbaukommission sein.

Für diese Bauten brauchen Sie keine Genehmigung

Immerhin sieht der Gesetzgeber eine Reihe von **genehmigungsfreien Bebauungen** vor. Darunter fallen auch Gartenhäuser bis zu einem Rauminhalt von 30 m³. Das sind in der Regel Häuser mit einer Grundfläche von 12 m² (Bodenfläche 3 x 4 m), wenn die Raumhöhe etwa 2,50 m beträgt. Dennoch sollten Sie sich erkundigen, ob es in Ihrer Gemeinde oder Stadt nicht doch kleine Einschränkungen gibt, etwa in der Form, dass Grenzabstände eingehalten werden müssen.

Viele Modelle der einzelnen Hersteller sind bereits entsprechend konzipiert.

Die Behörden geben Auskunft

Übrigens: Die öffentlichen Bauämter sind verpflichtet, dem Bauherren in spe alle erforderlichen Auskünfte über das geplante Vorhaben zu erteilen. Selbstverständlich kostenlos. Wichtig dabei: Legen Sie dem Sachbearbeiter gleich möglichst genaue Unterlagen vor, also **exakt vermasste Skizzen**, Prospekte der Anlagen, die Sie aufstellen möchten, den **Lageplan**, einen **Bauplan Ihres Hauses**, vielleicht auch gleich eine **Einverständniserklärung der Nachbarn**. Je genauer die Unterlagen, die Sie vorbereiten, umso schneller werden Sie ein gutes Beratungsergebnis erzielen. Auch wenn Sie keine formelle Genehmigung brauchen, sollten Sie das Projekt dennoch der Baubehörde zur Dokumentation melden. Dann sind Sie auch für den Fall abgesichert, dass doch jemand Anstoß an Ihrer Gartengestaltung nehmen sollte.

Beispiel 1: Wegeführung zum Pavillon

Beispiel 2: Durchgänge und Bögen

Beispiel 3: Perfekter Sichtschutz

Ein Traumbeispiel für eine gemütliche Sitzecke auf der Terrasse

Holz bedarf der Pflege

Gleichgültig, welches heimische Holz Sie auch verwenden wollen: Das Wichtigste ist, dass das Holz im Außenbereich von **Pilzen** und **tierischen Schädlingen** geschützt wird. Doch diese Gefahr ist nicht so groß, wie sie manchmal dargestellt wird. Das gilt genauso für Witterungsschäden. Frisches, **druckimprägniertes Holz** ist meist robust genug. Die Imprägnierung ist oft wirkungsvoller als viele Anstriche, die kaum ins Holz eindringen können. Der werkseitige Schutz hält erst einmal einige Jahre, bevor er durch einen Schutzanstrich aufgefrischt werden muss. Ganz ohne Chemie kommt man heute nicht aus, wenn es um den reinen Holzschutz geht. Auch die natürlichen Holzschutzmittel sind nicht ganz unproblematisch. Wenn sie wirklich ihren Zweck erfüllen sollen, kommen auch diese ohne Salze und Gifte nicht aus. Viel besser ist es, wenn alle Bauvorhaben so konstruiert und ausgeführt werden, dass ein Holzschutz fast überflüssig wird. Das Stichwort heißt hier **„Konstruktiver Holzschutz"**.

Mit farbigen Holzschutzanstrichen können Sie Akzente setzen

Der Aufwand ist sowohl in Bezug auf die zusätzliche Arbeitszeit als auch auf die anfallenden Kosten im Vergleich zu den Preisen für Schutzanstriche unbedeutend. Immerhin müssen dadurch aber weniger Schutzmittel gestrichen werden – ein Beitrag für den Umweltschutz. **Beispiel**: Freiliegende Kopfenden von Pfosten und Stützen werden mit schmalen Brettchen abgedeckt, sodass das Wasser abgeleitet wird und kaum noch in diese empfindlichen Flächen eindringen und so das Holz auslaugen oder gar zerstören kann. Bei Zaunanlagen aus senkrecht angeordneten Brettern befestigen Sie als oberen Abschluss eine ausgefräste Leiste, damit Schnee und Regen nicht mehr ungehindert in diese besonders gefährdeten Stirnseiten eindringen können. Es gibt noch viele Möglichkeiten, wie Sie Holz auf diese Möglichkeiten „konstruktiv" schützen können.

Holzschutz-Anstriche

In manchen Fällen allerdings soll ein Anstrich auch ein deutliches Auffrischen der Holzfarbe bringen und deshalb werden nicht selten reichlich Öle, Fette oder Farben aufgetragen. Das ist eigentlich dann überflüssig, wenn Sie Pergo-

la & Co. üppig bepflanzen möchten. Dann reichen die Grün- und Brauntöne, in denen druckimprägniertes Holz im Handel ist, mit Sicherheit aus. Nach einiger Zeit tritt eine sog. „natürliche Vergrauung" ein. Das stört aber nicht, es verleiht dem Holz sogar eher ein gewisses ästhetisches Bild.

Anders sieht es dagegen aus, wenn Sie die Hölzer mit einer deckenden Farbe streichen bzw. lackieren möchten. Welche besonderen Effekte Sie mit Farben erzielen können, bleibt Ihnen und Ihrer Kreativität überlassen.

Was diese Art von Holzveredelung betrifft, gibt es im Handel eine ganze Reihe umweltfreundlicher Mittel. Fast jeder Holzton kann geliefert werden. Die Hauptbestandteile sind Buchenholzextrakte, Borsalze, auf pflanzlicher Basis aufgebaute Grundieröle, Kräuterextrakte, lichtechte Erd- und Mineralpigmente.

Allerdings gibt es zu chemischen Holzschutzmitteln in vielen Fällen keine Alternative. Diese Mittel sollten immer sparsam eingesetzt werden.

Der Umwelt zuliebe: Die richtige Entsorgung

Wegen der belastenden Substan-

zen, die auch noch vorhanden sind, wenn sie bereits eingetrocknet sind, gehören Farben, Lacke und Reinigungsmittel nicht in den Hausmüll, sondern müssen als Sondermüll entsorgt werden. Heute gibt es fast in jeder Stadt oder Gemeinde entsprechende **Sammelstellen**, die solche Stoffe kostenlos entgegennehmen. Dort können Sie sich auch beraten lassen.

Merke: Auch wenn es etwas mehr Mühe macht, sollten Sie unbedingt diese Angebote nutzen und nicht den einen oder anderen Topf aus Bequemlichkeit im Mülleimer verschwinden lassen…

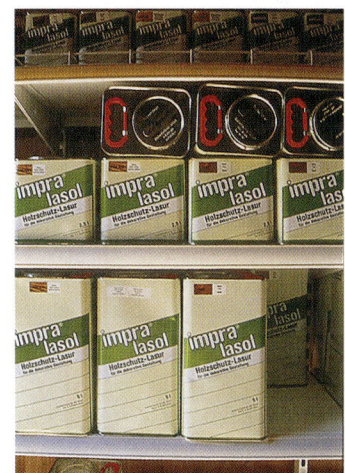

Geeignete Holzschutzlasuren

Was schnell wächst, üppig grünt und blüht

Winden sind problemlose Kletterer, die einen sonnigen Platz lieben

Kletterpflanzen eignen sich als Sichtschutz und Schattenspender an Pergola und Zäunen. Die meisten unserer Arten sind sehr robuste und unempfindliche Pflanzen, die keine großen Ansprüche stellen und wenig Platz benötigen.

Die Kletterpflanzen haben im Laufe der Evolution vier verschiedene Methoden entwickelt, sich an ihrer Stütze festzuhalten, um vom schattigen Boden aus ans Licht emporzuklimmen. Man unterscheidet **Schlinger**, **Ranker**, **Selbstklimmer** und **Spreizklimmer**.

Schlinger umwinden ihre Stütze mit dem gesamten Sproß; die meisten drehen links herum (entgegen dem Uhrzeigersinn), wie zum Beispiel die **Feuerbohne** und die **Schwarzäugige Susanne**. Nur wenige sind Rechtswinder wie **Hopfen** oder **Geißblatt**. Beachten Sie bei der Pflanzung die Drehrichtung der Sprossen und wickeln Sie die Pflanze richtig herum auf.

Ranker haben spezielle Kletterorgane entwickelt, um sich an der Stütze festzuhalten. Die **Clematis** umschlingt die Kletterhilfe mit besonders langen Blattstielen. **Duftwicke** und **Winden** haben Rankorgane aus Blättern gebildet. **Wilder Wein** und **Passionsblume** ranken mithilfe umgebildeter Sprossen.

Diese Pflanzen wachsen gut an Zäunen und an Rankgittern von Pergolen.

Selbstklimmer brauchen keine zusätzliche Kletterhilfe. Sie bilden an ihren Ranken Haftorgane oder -scheiben aus. Einige Formen des Wilden Weins gehören dazu. Der **Efeu** ist ein sogenannter Haftwurzler. Seine Triebe entwickeln auf der dem Licht abgewandten Seite Haftwurzeln, sobald sie mit einem festen Untergrund in Berührung kommen. Ähnliche Wurzeln bilden auch die **Kletterhortensie**, die **Trompetenblume** und der **Spindelstrauch**.

Ein typischer **Spreizklimmer** ist die **Kletterrose**. Sie verfügt über keine besonders ausgebildeten Kletterorgane, sondern schiebt sich an der Kletterhilfe empor, wobei sie sich mit ihren Stacheln festhält. Meist ist ein zusätzliches Anbinden nötig, da sie sich allein nicht genügend Halt verschaffen kann.

Allgemein werden Kletterpflanzen im Frühjahr und im Herbst gepflanzt. Für Clematis jedoch ist das Frühjahr vorzuziehen, damit sie bis zum ersten Frost gut eingewurzelt ist. Nicht alle Kletterpflanzen sind frosthart. Arten wie die **Kiwi** sind für tiefe Wintertemperaturen nicht geeignet. Alle Kletterpflanzen ge-

Kletterrosen sind Spreizklimmer, sie brauchen zum Klettern ein bisschen Hilfe

Gut geeignet: Spalierobst als „Dachbegrünung" einer Pergola

Immer wieder dankbar: Efeu hält mit seinen Haftwurzeln fast überall

deihen in gutem Gartenboden. Bei der Pflanzung arbeiten Sie organisches Material wie Kompost, verrotteten Mist, Lauberde oder Torf in den Boden ein. Diese Materialien verbessern das Bodenleben. Kletterpflanzen wurzeln in der Regel recht tief. Die Pflanzgrube sollte deshalb etwa 60 cm tief sein und 60 bis 90 cm Durchmesser haben. Helleren Unterboden und dunkleren Oberboden lagern Sie getrennt. Zum Auffüllen mischt man das Aushubmaterial (hell und dunkel getrennt) im Verhältnis 1:1 mit organischem Material. Dann füllen Sie die Pflanzgrube zu zwei Drittel mit dem hellen Boden. Darauf kommt dunkler Boden, bis er bündig mit der Erdoberfläche abschließt. Dahinein wird die Pflanze gesetzt und der Boden um die Pflanze herum festgetreten. Bilden Sie einen Erdwall aus dem überschüssigen Boden rund um die Pflanze. Angießwasser und später Gießwasser werden in den Graben gegeben.

Kletterpflanzen lieben einen schattigen Wurzelbereich. Halten Sie ihn deshalb immer mit Mull bedeckt. Vorgepflanzte Stauden oder kleine Sträucher sorgen außerdem für Schatten. Entlang eines Zauns setzen Sie die Pflanzen in Abständen von 4 bis 5 m. Pflanzen Sie direkt neben den Zaun und leiten Sie die Triebe an den Zaun heran. Lehnen Sie den Stab, der die Jungpflanze hält, an den Zaun an oder befestigen Sie die Kletterpflanze direkt am Zaun. Efeu muss anfänglich durch die Zaunmaschen geflochten werden, später klettert er von allein weiter.

Für stark wachsende Kletterpflanzen wie **Blauregen** oder **Knöterich** muss ein Zaun entsprechend stabil sein. Maschendrahtzäune sind ungeeignet. Die meisten Kletterpflanzen bedürfen nur als Jungpflanzen einer gewissen Leitung. Spreizklimmer dagegen, zum Beispiel **Kletterrose**, **Brombeere** und **Winterjasmin**, müssen mit ihren neuen Trieben angebunden werden. Manchmal klettern auch Efeu und Wilder Wein am Anfang schlecht. In diesem Fall sollten Sie die jungen Triebe mit Klebestreifen an die Kletterhilfe heften, bis sich Haftorgane gebildet haben.

Kletterpflanzen müssen regelmäßig mit Wasser versorgt werden. Wässern Sie gründlich, damit das Wasser auch bis in die tieferen Wurzelbereiche dringen kann. In der Wachstumsperiode von April bis Oktober wird alle 8 bis 10 Tage gegossen, Jungpflanzen oder frisch verpflanzte Exemplare müssen häufiger gewässert werden. Die Nährstoffversorgung in dem mit Kompost angereicherten Pflanzloch reicht für die ersten Jahre aus. Durch Mulchen und weitere Kompostgaben, die im Herbst oder Frühjahr um die Pflanze verteilt und leicht eingehackt werden, bekommen die Pflanzen ausreichend Nahrung. Kletterpflanzen, die ausgewachsen sind, brauchen keine Düngung mehr.

Im Allgemeinen müssen Kletterpflanzen nicht regelmäßig zugeschnitten werden. Es genügt, im Frühjahr alte, abgestorbene oder erfrorene Pflanzenteile mit einer Reb- oder Baumschere zu entfernen. Jungpflanzen sind gegen starken Frost empfindlich. Decken Sie sie mit Reisig ab oder häufeln Sie Erde 20 bis 30 cm hoch an, um Erfrierungen zu vermeiden. Wassermangel erhöht die Anfälligkeit der Pflanzen gegenüber Frost.

Schön auch ohne die charakteristischen Blüten: sommergrüne Glyzinien

Stabil durch Stütze, Pfette und Sparren

1

Es gibt ganz verschiedene Konstruktionsweisen von Pergolen. Wenn Sie sich eine Fertig-Pergola kaufen, kennen Sie nicht alle möglichen Lösungen.

1, 2 Grundsätzlich bestehen Pergolen aus **Stützen** oder **Pfosten** mit daraufgelegten **Traghölzern** oder **Pfetten**, auf die **Auflagehölzer** oder **Sparren** montiert werden. Die Pfetten können längs der Hauswand verlaufen und die Sparren in Querrichtung oder umgekehrt.

Eine interessante Variante ist die Verdoppelung von Bauteilen. In die Doppelstütze aus zwei oberseits abgeschrägten Hölzern wird das Tragholz eingespannt. Darauf liegen die Sparren. Wenn Sie die Stütze aus 4 Dachlatten bilden, können Sie sowohl die Traghölzer als auch die Sparren einspannen. Daneben eine Kantholz-Pergola mit Traghölzern als Zangenkonstruktion. Die beiden Holme werden beiderseits der Stütze angeschraubt oder durch eine Schlossschraube miteinander verbunden.

3 Sicher werden Sie Ihre Pergola begrünen wollen. Das sieht nicht nur gut aus, sondern bietet auch Schutz vor Wind, Sonne und neu-

2

3

4

gierigen Nachbarn. Sie können auch zwischen die Stützen Ihrer Pergola **Rankgitter** einsetzen und mit Kletterpflanzen begrünen, z. B. mit der sommergrünen Glyzinie.

4 Wenn Sie unter Ihrer Pergola im Trockenen sitzen möchten, dann sollten Sie auf den Sparren **Steg-doppelplatten** befestigen. Diese Plexiglasplatten sind entweder mil-chig oder glasklar.

Damit Ihre Konstruktion auch stabil wird

Holz-Pergolen sind mit 2,30 bis 2,50 m ausreichend hoch. Mit auf-liegenden Hölzern lassen sich ma-ximale Spannweiten von 3,00 bis 3,50 m erzielen. **Wichtig für die Stabilität der Pergola ist die Wahl der richtigen Profilstärke.** Es gelten folgende Richtwerte:

Rundholz-Pergolen (Querschnitt): Stützen und Pfetten 10–16 cm; Oberhölzer 6–10 cm im Abstand von 40–80 cm

Kantholz-Pergolen: Stützen quadratisch, Kantenlänge 10–12 cm; Pfetten rechteckig 10/12 cm bis 10/18 cm; Oberhölzer 8/10 bis 10/16 cm im Abstand von 60 bis 100 cm, meist hochkant.

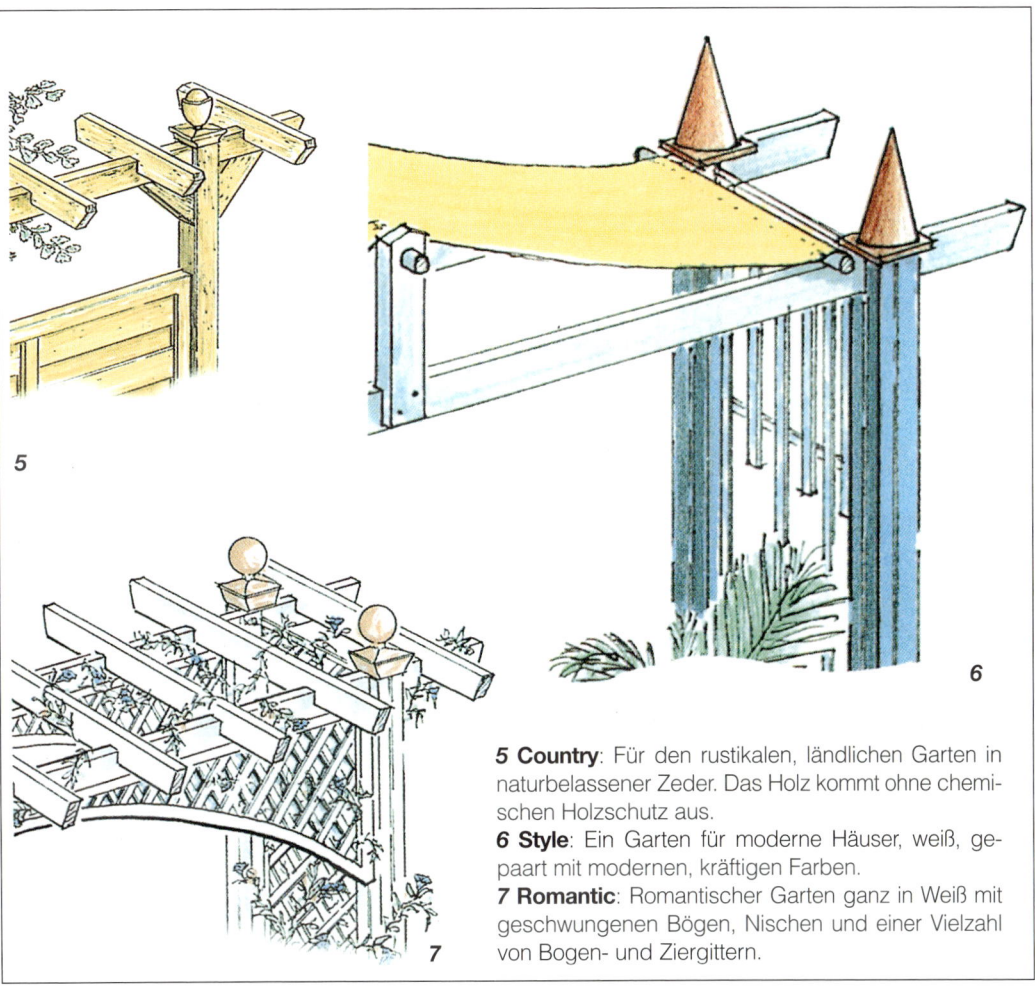

5 Country: Für den rustikalen, ländlichen Garten in naturbelassener Zeder. Das Holz kommt ohne chemischen Holzschutz aus.

6 Style: Ein Garten für moderne Häuser, weiß, gepaart mit modernen, kräftigen Farben.

7 Romantic: Romantischer Garten ganz in Weiß mit geschwungenen Bögen, Nischen und einer Vielzahl von Bogen- und Ziergittern.

Hülsen, Beschläge, Scharniere

1

2

1 Betonanker, H-Form, für Pfosten, aus feuerverzinktem Flachstahl.

2 Bodenhülse zum Einschlagen, für Pfosten von 9 x 9 – 12 x 12 cm.

3 Pfostenanker, verstellbar, zum Aufschrauben auf das Fundament. Für Pfosten von 9 x 9 – 12 x 12 cm.

4 Standfuß zum Aufschrauben auf Fundamentstreifen oder Sockel. Für Pfosten von 9 x 9 – 12 x 12 cm.

5 L-Beschlag, zum Befestigen von Sichtschutzzäunen.

7 Torfalle, wird oft bei Jägerzauntoren verwendet.

8 Türscharnier mit extrem langer Verschraubung, für Pfosten.

9 Stabiler Kloben (Scharnierhalter) zum Anschrauben, für Türen.

10 Beschlag für Kinderschaukel, passt auf Rundholzpalisaden.

11 Einschraub-Lasche, zum Befestigen von Querlatten etc.

12 Schieberiegel für einfache Tore.

13 Torbeschlag mit Kloben.

3

4

5

6

7

8

9

10

11

12

13

Das bringt Schwung in den Garten

1

2

1 Holz im Garten boomt. Entsprechend groß ist das Angebot der Hersteller. In allen nur möglichen Größen und Formen lagern **Lamellenzäune, Dichtflechtzäune und Massiv-Plankenwände** bei den Holzhändlern.

2 Klassiker – und eigentlich am billigsten – sind die *Lamellenzäune*, die es in der günstigsten Version in Baumärkten oft schon für 39 Euro zu kaufen gibt. Dafür bekommen Sie einen blickdichten Sichtschutz in der Größe 1,80 x 1,80 m. Die einfachste Lösung, wenn Sie Ihr Grundstück abgrenzen möchten.

Diese Lamellenzäune passen zu jeder Umgebung, es gibt sie in grün bzw. braun druckimprägniert sowie in zwei **Rahmenstärken**. Dazu brauchen Sie auf jeder Seite einen Pfosten, mindestens 9 x 9 cm, den Sie im Abstand von etwas mehr als 180 cm setzen müssen. Das geht am besten mit einem der **Pfostenanker**, die im Handel sind (s. auch S. 24). Bei zwei Wänden brauchen Sie drei Pfosten, bei drei vier usw.

3 Wenn Sie Ihren Sichtschutzzaun begrünen möchten, sollten Sie zwischendurch eine sog. **Rankenblende** bzw. ein **Rankgitter** setzen. **Kletterpflanzen**, die sich nicht festsaugen, haben hier die Chance, schnell und dicht nach oben zu ranken. Diese Artikel gibt es in Breiten von 30, 60 und 180 cm. Die Höhen variieren jeweils zwischen 150 und 180 cm.

4 Formvollendet sind Sichtblenden, die im Handel z. B. unter der Bezeichnung „Elegan" laufen: aus ausgesuchtem nordischen Kiefernholz sorgfältig verarbeitete Leimholzbögen. Damit stellt man nicht einfach einen Sichtschutzzaun auf, da wird der Garten gestaltet, mit einem Hauch Romantik, mit südländischem Flair. Und wenn im Frühjahr die ersten Sonnenstrahlen lachen, verwandelt sich das einmal berankte Element in ein wahres Blütenmeer.

5 Extravagant ist auch die Form des Bogenornaments „Rustil": Sichtschutz, Rankhilfe und gestalterisches Element in einem.
Tipp: Dazu passen gut Kletterrosen in zarten Farben, die Sie im Frühjahr oder im Herbst pflanzen können. Schön ist auch eine Clematis – oder der Blauregen (Wisteria), der seine langen Blütentrauben von Mai bis Juni trägt.

4

3

5

Ein gestalterisches Element bietet Schutz

1

Palisaden haben eine Wandlung durchgemacht: Ursprünglich erfüllten sie eine reine Schutzfunktion. Abwehr von wilden Tieren, Feinden oder auch nur Schutz vor einer ungebändigten Natur. Eine solche Aufgabe müssen die dicht aneinander gesetzten Holzpfähle schon lange nicht mehr ausüben. Sicher, auch heute noch werden Palisaden in der modernen Gartengestaltung zum **Schutz** vor Wind und Wetter, vor Lärm und Einblicken anderer eingesetzt.

1 Aber eigentlich sind sie zum **gestalterischen Element** geworden: um den einen Gartenteil vom anderen zu trennen, etwa den Gemüse- vom Blumengarten, den Wäschetrockenplatz oder den Kompostplatz vom Wohngarten. Dabei können Sie mit den Palisaden auch den Boden an Hängen sichern, im Teichbau die Ufer befestigen.

2 Im Handel sind Palisaden als **Rundpalisaden** oder **Halbpalisaden** in den verschiedensten Stärken und Längen, immer braun bzw. grün druckimprägniert. Rundholzpalisaden sind geschält im Handel, dabei bleibt die natürliche Stammform erhalten.

3 **Gefräste Palisaden** haben überall den gleichen Durchmesser und lassen sich dadurch natürlich leichter verarbeiten. Sie sind die gängigeren Palisaden und werden, rechteckig im Querschnitt, gerne als Schwellen eingesetzt. Der Fantasie und der eigenen Kreativität sind dabei keine Grenzen gesetzt. Die Gestaltungsmöglichkeiten sind vielseitig.

Achten Sie auf jeden Fall auf eine sorgfältige **Imprägnierung**, bevor Sie die Palisaden z. B. in den Boden einbetonieren. Durch die RAL-gütegesicherte Kesseldruckimprägnierung bleiben die Palisaden auch bei direktem Erdkontakt vor Fäulnis geschützt.

Dieses **RAL-Gütezeichen** steht für eine hochwertige Qualität der Imprägnierung und garantiert eine jahrzehntelange Haltbarkeit. Wenn Sie also ein Produkt mit diesem Gütezeichen kaufen, können Sie sicher sein, dass das Produkt von der Gütegemeinschaft „Kesseldruckimprägnierte Palisaden und Holzbauelemente für Garten-, Landschafts- und Spielplatzbau e. V." neutral überwacht und unter Beachtung der strengen Imprägniervorschriften dieser Gütegemeinschaft hergestellt worden ist.

2

3

29

Die Qual der (richtigen) Wahl

Douglasie

Eiche

Holz gehört zu den Standardmaterialien des Heimwerkers. Es ist ein natürlicher und lebendiger Baustoff, der vielfältig einsetzbar ist. Bevor Sie jedoch mit der Holzverarbeitung beginnen, sollten Sie über diesen Werkstoff, seine Eigenschaften und Verarbeitungsmöglichkeiten etwas genauer Bescheid wissen. Hierdurch verhindern Sie wirksam, dass es zu gravierenden Bauschäden kommt, die auf Verarbeitungsfehler zurückzuführen sind. An der handwerklich gut gelungenen Arbeit würde Ihnen dann schnell die Freude verleidet werden.

Für den Bau von Gartenhäusern, Lauben oder Pavillons sollten Sie weitgehend auf **Tropenhölzer** und andere Exoten verzichten. Im Außenbereich haben sich **europäische** und **nordamerikanische**

Hölzer bewährt, die auch wesentlich leichter erhältlich und meistens preisgünstiger sind. Diese Hölzer haben ein von Natur aus schönes Aussehen und können durch sorgfältige und umsichtige Oberflächenbehandlung noch erheblich aufgewertet werden. Dass Holz Luftfeuchtigkeit aufnimmt, speichert und die eingelagerte Feuchtigkeit bei trockener Luft wieder an die Umgebung abgibt, dürfte hinlänglich bekannt sein. Bei feuchter Witterung weiten sich die Zellen durch die Aufnahme von Feuchtigkeit aus, und sie ziehen sich wieder zusammen, wenn das Holz trocknet. Dabei verändert sich ständig die Form des Holzes – es arbeitet. Der Fachmann nennt diese Formveränderung Quellen und Schwinden.

Hierdurch kommt es natürlich auch

Fichte

Kiefer

Lärche

Holzarten für den Garten

Douglasie: Ein mäßig schweres, gelbbraunes Holz. Gut zu bearbeiten. Das Kernholz ist ziemlich wetterfest und wird kaum von Pilzen und Insekten befallen.

Eiche: Schweres, dunkles Hartholz, lässt sich gut bearbeiten, ist wetter-, pilz- und insektenfest. Vorsicht: Nägel ohne Rostschutz werden von der Gerbsäure des Eichenholzes zerstört.

Fichte: Helles, leichtes Weichholz, das leicht reißt. Nur wenig wetterfest, anfällig gegen Pilze und Insekten.

Kiefer: Mittelhart, mäßig schwer, sehr standfest, lässt sich gut schrauben, nageln, lackieren und lasieren. Aber nur wenig wetterfest. Kiefernholz wird ohne ausreichenden Holzschutz leicht von Pilzen und Parasiten befallen.

Lärche: Mittelhart, mäßig schwer, rötlich. Lärchenholz ist ziemlich standfest und lässt sich gut bearbeiten. Als einziges der einheimischen Nadelhölzer ist es relativ wetterfest, hat aber die Tendenz zum Reißen und Splittern.

Red Cedar (Kanadische Rot-Zeder): Der „Rolls Royce" unter den Gartenhölzern. Ohne jede Behandlung absolut wetterfest (wegen des öligen holzeigenen Wirkstoffes Thujaplicin). Leicht rötliches Holz.

Robinie: Das sehr harte Holz hält ohne Behandlung 30 Jahre, neigt allerdings zum Reißen. Und lässt sich, weil die Stämme oft ziemlich krumm wachsen, im Sägewerk schlecht verarbeiten.

Tanne: Leichtes, weiches Holz, das leicht splittert. Tannenholz ähnelt dem der Fichte, nur mäßig wetterfest.

Red Cedar

Robinie

Tanne

Die großen Depots der Holzhändler lassen keine Wünsche offen

zu Veränderungen der äußeren Form. Besonders brisant ist diese Eigenschaft, wenn mehrere Holzteile miteinander verbunden sind, da sich natürlich nicht jedes Holzteil genau wie das andere verhält. Werfen, Verziehen und Rissebildung sind die Folgen, die aber nicht nur bei Holzverbindungen, sondern auch beim einzelnen Werkstück auftreten. Frisches Holz hat einen Feuchtigkeitsgehalt von etwa 60 Prozent. Bis es zur Verarbeitung kommt, sollte die Feuchte durch Trocknung auf 15 bis 18 Prozent zurückgegangen sein. Das Holz, das Sie im Baumarkt oder beim Holzhändler roh oder bereits als fertigen Bausatz kaufen, ist meistens schon auf dieses Niveau abgetrocknet. Wenn das Holz feuchter ist, lässt es sich wesentlich schwerer verarbeiten: Außerdem ist sein Gewicht durch das eingelagerte Wasser viel größer. Das Schwinden des Holzes sollten Sie immer mit einplanen. In Richtung der Jahresringe ist dieser Schwund am geringsten. Ansonsten muss man zum Teil mit einem erheblichen Schwund von bis zu 10 Prozent rechnen! Das zeigt, wie wichtig es ist, auf gut lufttrockene Ware beim Kauf zu achten. Ungleichmäßige Holztrocknung führt sehr

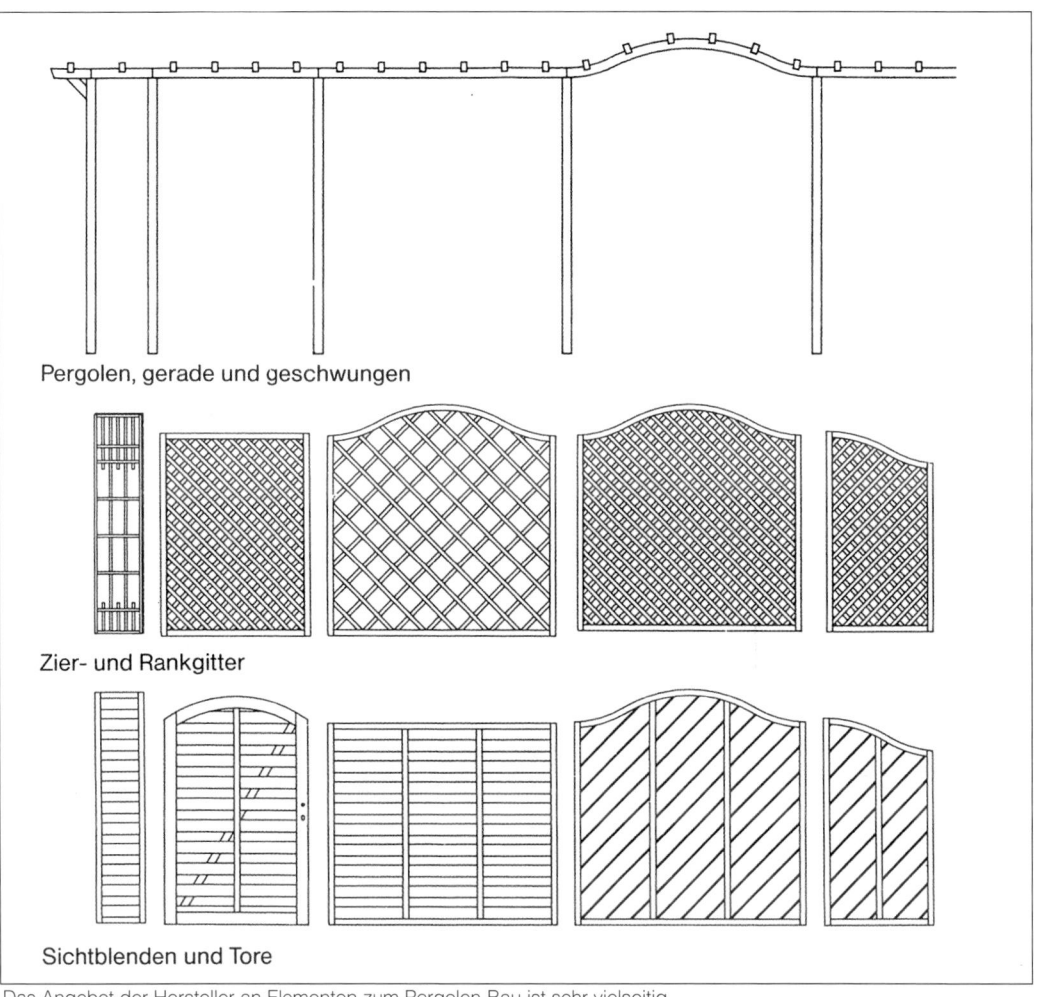

Pergolen, gerade und geschwungen

Zier- und Rankgitter

Sichtblenden und Tore

Das Angebot der Hersteller an Elementen zum Pergolen-Bau ist sehr vielseitig

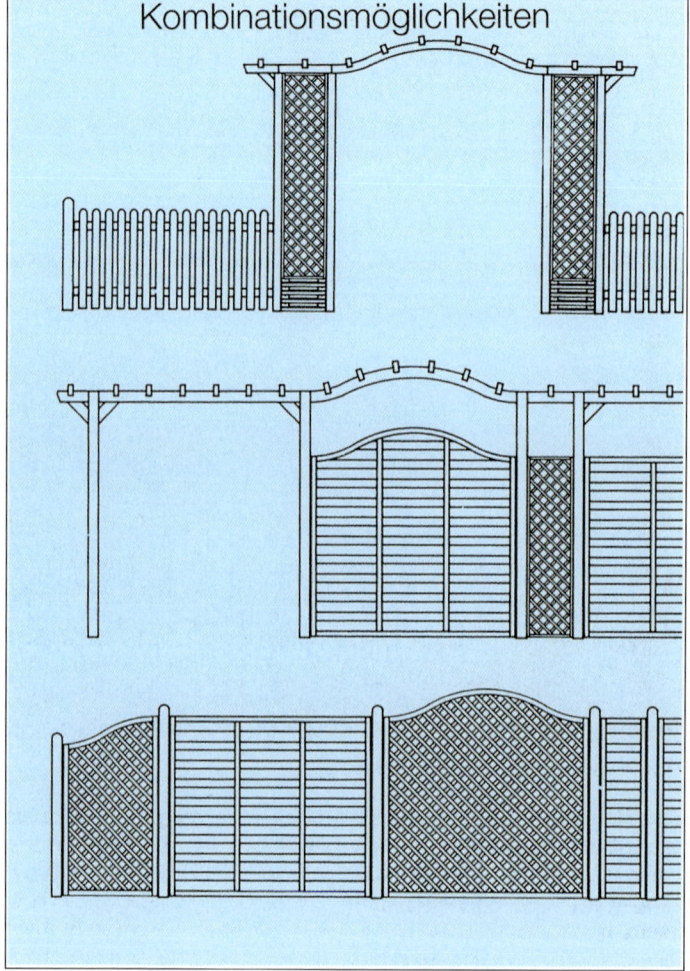

Kombinationsmöglichkeiten

leicht zu Rissen durch die großen Spannungen, die dabei im Material entstehen.

Weitere Holzeigenschaften

Von den eingelagerten Farb- und Gerbstoffen ist die Farbe des Holzes abhängig. Im Außenbereich müssen Sie mit der Zeit allerdings mit erheblichen Farbveränderungen des Materials rechnen. Zum einen ist ein Nachdunkeln völlig natürlich, zum anderen wirken sich Umwelteinflüsse stark auf das äußere Erscheinungsbild des Holzes aus. Beim **Holzkauf** sollten Sie auf eine gleichmäßige, frische Farbe achten, denn dies ist ein Zeichen für ein gesundes Material. Von Schädlingen oder Krankheiten befallenes Holz weist manchmal blaue, rotbraune oder weiße Verfärbungen auf. Auch die **Maserung** des Holzes gibt Auskunft über das Material. Feste, braungefärbte Äste stören gar nicht. Lärchenholz zum Beispiel ist sehr reich an **Ästen**. Schwarzgefärbte oder locker sitzende Äste und Astlöcher sehen hingegen nicht gut aus.

Wenn die **Jahresringe** sehr eng liegen, ist dies ein Zeichen dafür, dass der Baum nur langsam gewachsen ist. Er stand sicherlich auf einem mageren Boden oder an einem schattigen Berghang. Das Holz ist viel fester und arbeitet auch längst nicht so stark. Holz mit weit auseinanderliegenden Jahresringen ist sehr schnell gewachsen und hat dementsprechend weniger günstige Eigenschaften. Die verschiedenen Holzarten haben ihre ganz eigenen **Gerüche**. Beim Einkauf in der Holzhandlung können Sie das ganz einfach feststellen. Vorwiegend verdunsten hier die Harze. Stark riecht heimisches Kiefernholz, dagegen haben Tanne und Fichte weniger intensive Geruchsstoffe und sind übrigens auch leichter. Am Geruch lässt sich sogar erkennen, ob das Holz gesund ist. Ein muffig riechendes Material sollten Sie auf keinen Fall kaufen.

Auf den richtigen Standort kommt es an

Die Beständigkeit und Haltbarkeit hängt von einem regelmäßigen und sorgfältig durchgeführten **Holzschutz** und auch von der **Verarbeitung** ab. Holzbauten halten länger, wenn sie in einem trockenen Luftzug stehen. Standorte, an denen mit viel Feuchtigkeit zu rechnen ist, sollten Sie vermeiden oder aber gründlich trockenlegen.

Augen und Nase auf beim Holzeinkauf

Das Holz wird sonst auf Dauer zerstört. **Deshalb dürfen Holzpfosten auch nicht direkt ins Erdreich eingegraben oder einbetoniert werden.** Da das Erdreich immer etwas feucht ist, nimmt das Holz hier die Feuchtigkeit auf. Es entsteht ein Grenzbereich zwischen feuchtem und trockenem Holz. Jeder noch so gut imprägnierte Holzpfosten wird an dieser Stelle irgendwann morsch und bricht ab.

Zaubern mit dem Zaunbaukasten

Zäune dienen zum einen dazu, die **Grundstücke einzufrieden**. Zum anderen schützen sie vor **Lärm** und **gegen unerwünschte Einblicke**. Im Prinzip bestehen Zäune aus Pfosten, Querriegeln und Latten. Und mit diesen Grundelementen haben Sie die Möglichkeit, ei-

1

nen ganz individuell gestalteten Zaun zu bauen (s. Anleitung S. 60).

1, 2 Die Holzindustrie hat eine breite Palette an Einzelelementen im Angebot, dazu Pfosten und **Torrahmen** in verschiedenen Breiten.

3–10 Manche Hersteller bieten ein ganzes Sortiment an, einen sog. Zaunbaukasten (s. Fotos), den Sie untereinander beliebig kombinieren können. Am besten wählen Sie Kiefern- oder Zedernholz, das einen schönen, warmen Ton verbreitet. Wenn Sie nicht Latte um Latte montieren möchten: es gibt auch fertige Zaunelemente, ca. 180 cm breit und 85 cm hoch.

3

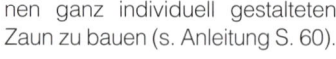

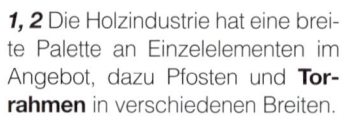

2

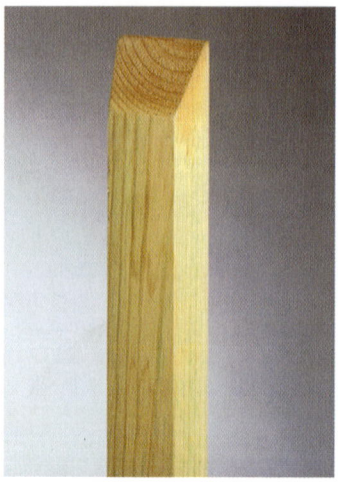

4

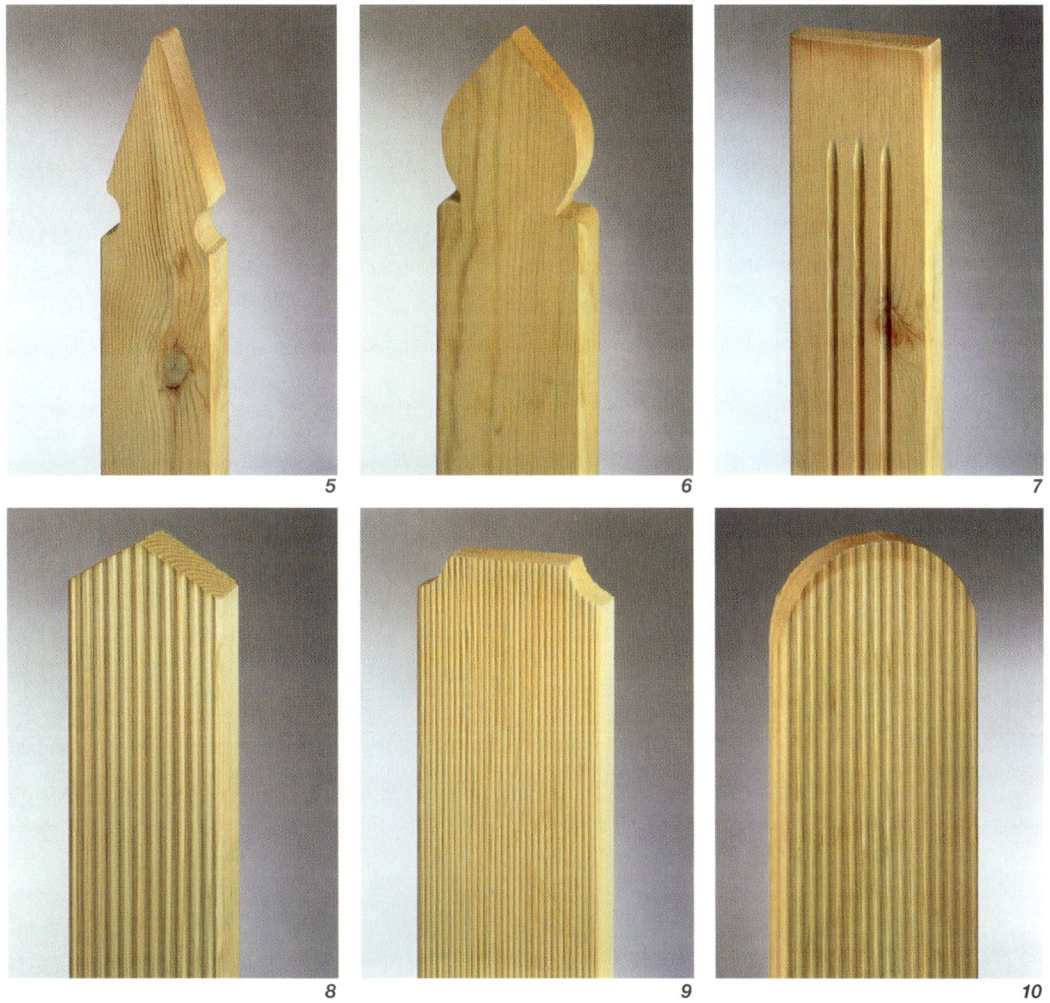

...und so kann es auch bei Ihnen aussehen

Lebendig: Sichtschutzwand mit vorgesetztem Rankgitter

Geschützt: halbhohe Lamellenzäune

Schaffen Sie sich eine Oase am eigenen Haus. Der Holzmarkt bietet so viele Einzelelemente, die miteinander kombinierbar sind, dass einem lauschigen Plätzchen nichts mehr entgegensteht.

Ein Sitzplatz, egal ob direkt am Haus, im hinteren schattigen Eck des Gartens oder direkt am Teich, kann ganz aus Holz entstehen, mit geschlossenen und offenen Elementen, die im Laufe der Zeit dann zuwachsen. Besonders schön kombinieren lassen sich die Rundbogen-Zaunfelder aus druckimprägniertem Kiefernholz mit einer feingeriffelten Oberfläche. Die Montage ist ganz einfach, denn die Elemente werden mit den L-Trägern direkt an die Pfosten geschraubt.

Ein kleines Stück Natur mit Holz wohnlich gestaltet

Der Fantasie sind also keine Grenzen gesetzt, wenn Sie sich dafür entscheiden, sich im Garten einen ruhigen Sitzplatz, einen lauschigen Ort am Gartenteich oder auch einen trockenen, weil überdachten Freisitz zu bauen.

Was man mit Holzelementen alles bauen kann, finden Sie auf diesen und den folgenden Seiten. Denn vergessen Sie nicht: der Garten ist

Der Gartenpavillon: Rückzugsort in einer grünen Oase

Traumhaft: wie unter der südlichen Sonne

das wichtigste Naherholungsgebiet unserer heutigen Zeit. Es ist ja immerhin ein kleines Stück Natur, von dem Ihr Haus umgeben ist.
Ob Sie es rustikal und gemütlich schätzen, oder lieber ein verspieltes Eck im Garten vorziehen: Holz brauchen Sie immer dazu. **Denn Holz ist ein natürlicher Stoff, mit dem Sie sich Ihren Traumgarten schaffen können. Das Zauberwort zum eigenen Traumgarten: selbst gestalten, planen und konstruieren, wie es Ihnen gefällt.** Der individuelle Wohngarten zum Entspannen, erholen, aber auch zum Feste feiern. Pergolen, ja eigentlich ein mediterranes Element, sind inzwischen auch in unseren Breiten soweit akklimatisiert, dass man sie häufig in unseren Gärten findet. Die Pergola hat sich zum zentralen Punkt im Garten entwickelt. Sie hat eine große Zahl von Aufgaben übernommen:

• Sie bietet den Kletterpflanzen und Rankern Halt und Stütze, die ihr mit ihrer Blütenpracht einen bunten Anstrich verpassen.

• Elegant löst sie das Problem mit neugierigen Nachbarn und Passanten. Mit den großflächigen

Idyllisch: Ein Steg führt ins Land der Träume

Zaunelementen versperrt sie nicht nur die Sicht in Ihren Garten, sie schützt auch vor Wind und Wetter.

• An einer Pergola können Sie auch problemlos Pflanzkästen, Lampen, Steckdosen oder Lautsprecher anbringen.

• Ganz gemütlich wird's, wenn Sie den Grillplatz direkt an Ihre Pergola setzen. Dann wird die Laube zum Zimmer im Grünen.

• Klassisch: Der Laubengang vom Haus zum Gartenbereich.

Romantik pur: der Gartenteich mit Holzsteg (s. auch Arbeitsanleitung S. 76). Fast wie ein kleiner privater Bootsanleger. So ein „selbstgezimmertes" Idyll ist ideal zum Entspannen, Ausruhen und Träumen. Sie werden lernen, die Natur in und um den Teich zu entdecken. Und vielleicht siedelt sich ja sogar ein Frosch an?

Wenn Sie Ihren Holzgarten gestaltet haben, werden Sie sich sicher nur kurz zurücklehnen und ausruhen wollen. Denn Ideen gibt es, wie gesagt, immer wieder …

Rustikal: Der Eingang in den ländlichen Garten

Einfache Ideen – ein Paradies für Kinder

Alte Holzschwellen für den Sandkasten, dazu ein Gestell mit Vorhang: Kasperltheater, Tisch und Bank in einem

Ideen muss man haben: ein Abenteuer-Turm aus gebrauchten Holz-Paletten

Wer einen Garten hat, sollte ein bisschen kreativ sein. Nehmen Sie sich doch einfach ein wenig Zeit und überlegen Sie mit Ihrer Familie, was man so alles aus Holzresten, -abfällen oder nicht mehr benötigten Holzpaletten und ähnlichen Dingen für tolle Sachen bauen kann. Fast ohne finanziellen Aufwand. Die Bilder auf diesen Seiten zeigen Ihnen eine kleine Auswahl.

Wenn Sie nicht für die Ewigkeit bauen oder basteln möchten, muss es ja nicht immer edelstes Holz sein. Da eignen sich auch gebrauchte **Bahnschwellen**, **Transportpaletten**, sägeraue **Schalbretter**, **Sägereste** von großen Bäumen, um etwa eine Höhenstruktur in den Garten zu bringen, vorhandenes Gefälle in den Griff zu bekommen.
Solche gebrauchten Holzprodukte finden Sie in lokalen Anzeigenblättern, bei Sägewerken, auf Baustellen. Oft sehr günstig, aber es bleibt meist an Ihnen, die meist sehr schweren Teile in den eigenen Garten zu bringen. Vielleicht einen Anhänger leihen oder vom Freund den Kombi ausborgen…
Gebrauchte Holzprodukte sind ursprünglich von hoher Qualität. Oft haben die Hölzer höchsten Belas-

tungen standgehalten, als Eisenbahnschwellen etwa. Tipp eines Profis: Solche Schwellen gibt es bereits ab 10 € pro Stück. **Versuchen Sie aber, Schwellen aus Rangierbahnhöfen zu bekommen.** Andere Schwellen sind, solange Zugtoiletten noch direkt auf die Geleise entleert wurden, sehr unappetitlich. Da ist dann der Dampfstrahler angesagt. Ältere Schwellen sind mit einem umweltbelastenden Mittel eingelassen. Solche Schwellen sollten Sie nicht unbedingt dazu verwenden, ein Hochbeet zu bauen (s. S. 72).

Woher Sie gebrauchte **Paletten** bekommen? Da fragen Sie am besten bei Speditionen oder Supermärkten nach. Diese genormten Teile sind sehr stabil, aus festem Holz – und vielseitig einsetzbar. Wie die Abbildung auf Seite 44 zeigt, lässt sich daraus ein richtiger Kletter- und Spielturm zaubern.

Benutzte **Schalbretter** können Sie – manchmal gegen eine geringe Gebühr – eventuell über Baufirmen beziehen. Auch hier gibt es viele Möglichkeiten: für den Pergola-Boden im Freien oder als Elemente, um einen massiven Dichtzaun zu bauen.

Ein paar alte Bretter als Dach auf den Lehmmauern ergeben ein tolles Spielhaus

Tisch oder Bank: eine schwere Platte aus Baumholz ruht auf zwei dicken Baumscheiben

Ein professionelles Baumhaus

Die wichtigsten Werkzeuge

Auf diesen beiden Seiten finden Sie Kurzbeschreibungen der wichtigsten Werkzeuge, die Sie benötige, um selbst Wohngärten mit Holz kreativ gestalten zu können. Welche Werkzeuge Sie für die einzelnen Arbeitsgänge und Arbeitsabläufe brauchen, sehen Sie in den Abbildungen unter der Rubrik »Werkzeuge«, die im Kasten bei den jeweiligen Arbeitsanleitungen stehen.

Werkzeuge zum Messen und Richten

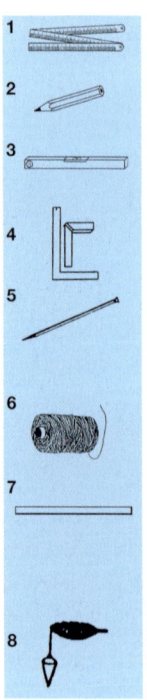

1 **Meterstab**: 2 m lang, zum Abmessen von Längen.

2 **Bleistift**: Zum Anzeichnen von Meßpunkten.

3 **Wasserwaage**: Unerläßlich, um die Horizontale bzw. Vertikale festzulegen (z.B. bei der Montage von Rankgittern).

4 **Winkelmaß**: Zum Ausrichten von Spalieren, Belagsecken etc.

5 **Schnureisen**: Aus Volleisen, 0,8 bis 1,2 m lang, 20–30 mm im Durchmesser und gespitzt. Sie werden zum Ausfluchten gebraucht.

6 **Richtschnur**: Zum Festlegen von Fluchten und Höhen bei Montage von Lattengerüsten, Rankhilfen etc.

7 **Richtlatte**: Es genügt eine saubere Holzlatte mit parallelen, geraden Kanten, deren Länge Sie nach Bedarf zuschneiden. Diese wird z.B. beim Plattenlegen zum Abziehen der Ausgleichsschicht benötigt.

8 **Senklot**: Zum Bestimmen vertikal übereinanderliegender Punkte brauchen Sie ein Senklot.

Werkzeuge für die Bodenbearbeitung

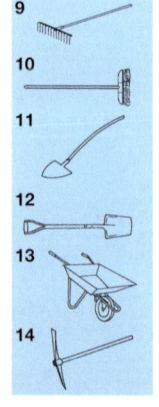

9 **Baurechen**: Mit groben Zinken für die Planie von Sand und Erde.

10 **Besen**: Mit dem Besen kehren Sie das Fugenmaterial ein.

11 **Schaufel**: Zum Ausheben, Befüllen größerer Kübel und Kästen, zum Verteilen von Erdreich und Schüttgütern.

12 **Spaten:** Zum Abstechen und Ausheben von Erdreich und Fundamenten.

13 **Schubkarre**: Ideal, um Zement, Sand, Erde etc. zu transportieren. Eignet sich auch zum Mischen von Beton und Mörtel.

14 **Spitzhacke**: Zum Lockern von Erdreich, besonders dann, wenn die Erde im Herbst oder Winter trocken ist.

Werkzeuge zum Befestigen

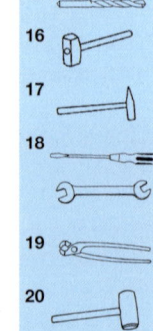

15 **Metall-/Holzbohrer**: Zum Bohren von Löchern in Metall und Holz.

16 **Vorschlaghammer**: Zum Eintreiben von Pfosten und Bodenhülsen in die Erde.

17 **Hammer**: Benötigen Sie zum Festklopfen von Nägeln.

18 **Schraubenzieher und Gabelschlüssel**: Zum Anziehen und Lösen von Schrauben mit einfachem oder Kreuzschlitz- bzw. mit Sechskantkopf.

19 **Beißzange**: Zum Abzwicken von Blumen- oder Spanndraht.

20 **Gummihammer**: Zum Festklopfen von Platten und Holzpflaster.

21 **Maurerkelle**: Aus Stahl, zum Herstellen von Mörtelkeilen um Betonanker herum oder an Belagsrändern und zum Glattstreichen von Fundamenten.

Elektrowerkzeuge/Maschinen

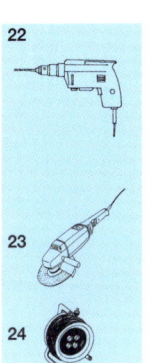

22 Bohrmaschine: Am besten geeignet ist eine Bohrmaschine mit Schlagbohreinrichtung zum Bohren in Mauerwerk und Beton. Wichtig ist ein rechts- und ein linksdrehender Lauf für Schraubarbeiten. Für Arbeiten auf der Leiter ist ein Akku-Bohrschrauber zu empfehlen, da keine Kabel stören.

23 Winkelschleifer: Schneidet Stein, Metall und Beton. Vorsicht: starke Staubentwicklung. Schutzbrille tragen.

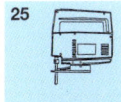

24 Kabeltrommel: Sollte für den Außenbereich geeignet sein (mit 50 m Kabel).

Werkzeuge zur Holzbearbeitung

25 Stichsäge: Zum Ablängen von Latten, Rund- und Kanthölzern mit weniger als 60 mm Durchmesser verwenden Sie am besten eine Stichsäge.

26 Hand- bzw. Tischkreissäge: Zum Abschneiden von stärkeren Rund- oder Kanthölzern. Mit einer Tischkreissäge mit Anschlag lassen sich Faserlängsschnitte und Winkelschnitte genauestens herstellen. Die Handkreissäge befestigen Sie dazu am besten an einem Werktisch.

27 Elektrohobel: Zum Glätten von sägerauem Holz und Herstellen von Fasen bei scharfkantigem Holz.

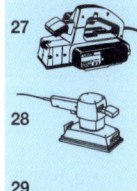

28 Schwingschleifer: Glättet raue Oberflächen nach dem Hobeln.

29 Holzraspel: Zur gröberen Holzbearbeitung und zum Brechen der Kanten.

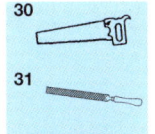

30 Fuchsschwanz: Zum Zuschneiden aller Arten von Holz.

31 Feile: Zur feineren Holzbearbeitung brauchen Sie eine Feile.

32 Schleifpapier: Benötigen Sie, um noch raues Holz nach dem Raspeln oder Feilen zu Glätten.

Hilfswerkzeuge

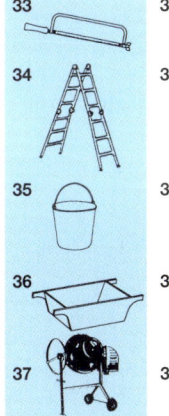

33 Eisensäge: Zum Absägen von Alu, Metall und Kunststoff gut geeignet.

34 Leiter: Am sichersten sind Alu-Leitern. Für größere Arbeitshöhen können Sie Leitern auch ausleihen (s. Branchenbuch »Geräteverleih«).

35 Baueimer: Für den Materialtransport, z.B. durchs Haus, auch zum Anmachen von Mörtel.

36 Mörtelwanne: Zum Anmachen von Mörtel und Mischen von Beton; auch für Transportzwecke.

37 Betonmischmaschine: Für das Mischen größerer Mengen von Beton. Kann auch ausgeliehen werden.

Hilfsmittel zum eigenen Schutz

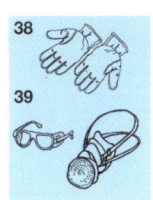

38 Arbeitshandschuhe: Schützen die Hände.

39 Schutzbrille und Atemschutzmaske: Damit können Sie verhindern, dass beim Sägen und Schleifen Holzstaub bzw. Holzsplitter in die Atmungsorgane und die Augen eindringen.

Vom richtigen Umgang mit Holz

Holz muss richtig bearbeitet und auch gepflegt werden

Die wichtigste Voraussetzung sind das richtige Werkzeug und eine Zusammenstellung und Auflistung aller erforderlichen Teile. Schon allein, um sich unnötige Wege zu ersparen, sollten Sie die **Materialliste** sehr gewissenhaft aufstellen. Es gibt ja nichts Schlimmeres, als am Wochenende plötzlich ohne die richtigen Beschläge dazustehen! Haben Sie alle Materialien im Haus, geht es ans **Sortieren**. Das gilt nicht nur für die Kleinteile (Beschläge, Schrauben, Bohrer, Sägeblätter) sondern auch für das Holz.

Die Qualität des Holzes kann sehr unterschiedlich ausfallen, besonders, wenn Sie sich für die II. Wahl entschieden haben. Weniger hochwertige Teile sind zwar meist technisch einwandfrei, oft aber nicht so schön anzusehen. Und das sollte natürlich nicht auf den ersten Blick zu sehen sein. Am besten, Sie sortieren auch gleich nach Stützen, Längs- und Querhölzern und ordnen die Beschläge zu. Das spart zeitraubendes Suchen. Gehen Sie einmal davon aus, dass alle Hölzer bereits rechtwinkelig zugeschnitten sind. Dennoch müssen Sie noch Einkerbungen, Zapfen und Schlitze herstellen. Dazu brauchen Sie einen **Meterstab**, **Bleistift** und **Anschlagwinkel**.

Nützliche Elektrowerkzeuge zur Holzbearbeitung:

1 Elektrische Bohrmaschine: Wenn Sie Latten, z. B. für ein Klettergerüst, an der Hauswand befestigen möchten, brauchen Sie eine Bohrmaschine mit Schlagbohreinrichtung.

2 Stichsäge: Für kleine, schnelle Schnitte und vor allem dann ein Muss, wenn Sie Rundungen schneiden möchten oder aus einer Platte etwas herausschneiden müssen.

3 Kreissäge: Zum problemlosen Schneiden von Brettern und Leisten, Schnitttiefe je nach Modell bis 65 mm. Auch für Gehrungs- und Winkelschnitte geeignet.

4 Powerfeile: Zum Schleifen, Feilen und Raspeln ideal, besonders an schwer zugänglichen Stellen, auch zum bequemen Ausfeilen von Schlitzen und Nuten.

5 Bandschleifer: Damit lassen sich bequem Latten und Bretter schleifen bzw. glatt hobeln. Die Breite des Schleifbandes beträgt 75 mm. Schleifbänder gibt es in Körnungen von 40 (sehr grob) bis 280 (sehr fein).

6 Werkbank: Hier lassen sich Werkstücke in allen Formen fest einspannen und bearbeiten. Gewicht ca. 15–20 kg, daher relativ leicht zu transportieren.

1

2

3

4

Richtig sägen

Wenn Sie sich für einen Bausatz entschieden haben, wird natürlich fast nichts mehr zu tun sein. Ob Sie nun die **Handkreissäge** oder eine **Stichsäge** einsetzen müssen, oder ob es auch **Fuchsschwanz** tut, müssen Sie selbst entscheiden. Das hängt natürlich auch davon ab, welche Geräte Sie zur Verfügung haben. Die Gehrungsschnitte (z. B. für 45° bei Schrägstützen) gelingen exakt mit einer **Gehrungssäge** und einer **Gehrungslade**, die das Werkzeug präzise führt.

Richtig bohren

Die Langlöcher für Zapfen z.B. oder die vielen Löcher für die Schrauben lassen sich am besten mit einer **elektrischen** bzw. einer **Akku-Bohrmaschine** ausführen. Exakt senkrechte Bohrungen gelingen am besten, wenn Sie die Bohrmaschine in einen **Bohrständer** einspannen. Müssen Sie in Beton bohren, kommen Sie ohne eine Schlagbohreinrichtung nicht aus. Spezielle **Bohrer** für Stein, Holz und Metall sollten Sie in allen Dicken sortiert und in ausreichender Anzahl daheim haben. <u>Übrigens:</u> Wenn Sie Holz transportieren, heben oder bearbeiten, sollten Sie

Handschuhe tragen. Nicht immer sind alle Hölzer gehobelt. Und auch bei gehobelter Ware können Sie nicht ganz vor scharfen Kanten und Splittern sicher sein.

Richtig hobeln und schleifen

Wenn die Kanten noch nicht gebrochen sind, können Sie dies selbst mit einem **(Elektro-)Hobel** oder mit grobem Schleifpapier nachholen. **Schleifpapier** brauchen Sie auch, um unebene Stellen, Splitter oder Bleistiftmarkierungen zu entfernen.

Mit der Oberflächenbehandlung der Holzteile sollten Sie erst beginnen, wenn alle Teile sauber geschliffen, die Kanten gebrochen und die Bohrungen gesetzt sind.

Richtig streichen

Die **Anstriche** wie Lack oder Grundierungsmittel lassen sich mit einem breitborstigen Pinsel besonders gut verteilen. Die Flüssigkeit soll gleichmäßig in das Holz eindringen, ohne herunterzutropfen. Holzschutzmittel nicht in der prallen Sonne verarbeiten, da die Mittel zu schnell verdunsten, ohne ihre Wirkung zu entfalten. Hölzer, die nicht druckimprägniert sind, mit einem vorbeugenden Schutz gegen Pilz- und Insektenbefall einlassen.

5

6

Holz - ABC

Holz gibt es in allen Breiten, Längen und Stärken im Handel

Ausklinken: rechtwinkeliger Eckausschnitt, ähnlich wie Absetzen, jedoch nicht als Stufe in der Werkstückfläche, sondern als Ausschnitt in der Werkstückkante.

Wie jeder handwerkliche Bereich, hat auch die Arbeit mit Holz ihre Eigenheiten. Das geht schon mit der Sprache los. Einige Fachausdrücke, die Sie immer brauchen:

Ablängen: genauer Längenzuschnitt von Werkstücken.

Abfasen: an den rechtwinkeligen Werkstückkanten wird eine schmale Fläche von 45 Grad zur Kante angehobelt oder gefräst.

Arbeiten des Holzes: Holz bleibt ja nicht hundertprozentig in seinem ursprünglichen Zustand, es verzieht sich, kann reißen, schwinden oder quellen. Dinge, die bei der Verarbeitung berücksichtigt werden müssen.

Ast: Überwachsener Zweig am Baumstamm. Äste vermindern die Stabilität des Holzes nicht.

Dielen: Bretter aus Nadelholz, meist für Fußböden verwendet.

Falz: Aussparung an der Kante eines Werkstückes. Ein Falz dient meist zur Verbindung von zwei Holzstücken, die sich überlappen.

Fase: Schmale, im Winkel von 45 Grad an einer scharfen Werkstückkante angeformte Kantenfläche. Anschrägung einer Werkzeugklinge zur Schneide.

Fräsen: Dem Hobeln ähnlicher Vorgang, bei dem mit einem rotierenden Fräskopf Späne von der

Holzoberfläche abgetrennt werden. Je nach Beschaffenheit des Fräskopfes erhält man durch das Fräsen Nuten oder Falze.

Gehrung: Verbindung von zwei Werkstücken zum Winkel von 90 Grad, wobei die einzelnen Werkstücke jeweils auf halbe Winkelgröße (= 45 Grad) zugeschnitten werden.

Harzgallen: Harzgefüllte Hohlräume im Baumstamm harzreicher Holzarten (Fichte, Kiefer, Lärche). Werden diese Hohlräume bei der Bearbeitung durch Ansägen oder Hobeln geöffnet, kann das klebrige Harz ausfliesen. Entweder mechanisch durch Auskratzen der Harzgallen und Abschaben von der Oberfläche oder durch Abwaschen mit Lösungsmitteln säubern.

Imprägnieren: Behandeln von Holz mit wasserlöslichen Salzen, um das Holz gegen Feuchtigkeit sowie Schädlinge zu schützen.

Kanten brechen: Darunter versteht man das Abschleifen von scharfkantigen Werkstücken und -kanten. Im Gegensatz zum Anfasen bleiben die Werkstückkanten jedoch rechtwinkelig. Mit dem Schleifpapier wird lediglich eine kleine Rundung angeschliffen.

Nut und Feder: Meist rechteckiger Einschnitt in der Längs- oder Stirnseite des Holzes, in den ein Gegenstück mit passender Feder eingepasst wird (s. Foto).

Schwund: Verringerung des Rauminhalts durch Feuchtigkeitsabgabe. Der Schwund wird als sog. „Schwindmaß" in Prozent der Abmessung des Holzes, bezogen auf den Frischzustand, ausgedrückt. Der Schwund ist je nach Holzart und Schnittrichtung verschieden.

Verschnittzuschlag: Ein Sicherheitszuschlag bei der Berechnung des Materialbedarfs, der durch überlegte Planung und Ausnutzung des Werkstoffes auf weit unter 10 Prozent reduziert werden kann. Am besten, Sie fertigen sich vorher einen Plan an.

Wassernase: Durch das Einfräsen einer Nut an der Unterkante von Kantenprofilen entsteht eine schmale Kante, an der das Wasser abtropfen kann.

Windverband: Aussteifung gegen Winddruck. Wichtig bei höheren Rankgittern oder Flechtzäunen.

Am besten feuerverzinkt

Weiß verzinkter Einschlaganker

Gelb verzinkte Türbänder

Pfostenträger, Betonanker, Mauerbefestigungen kaufen Sie am besten bereits feuerverzinkt, aus Edelstahl, eloxiert oder verzinkt und mit Kunststoff überzogen. Feuerverzinkte Teile sind nach wie vor am besten gegen Rost geschützt. Die helle Legierung ist aber nicht jedermanns Geschmack. Grundsätzlich können Sie feuerverzinktes Material überstreichen.

Dabei ist folgendes zu beachten:

• Frisch verzinktes Metall reiben Sie zunächst mit einem in Salmiak getränkten Lappen ab.

• Schon oxidiertes Metall streichen Sie gleich mit Haftgrund vor. Erst wenn dieser trocken ist, erfolgt der Farbanstrich.

• Metallblanke Beschläge lassen Sie am besten flammspritzverzinken. Bei dieser Methode wird das Zink auf etwa 2000 Grad erhitzt und mit einer Art Spritzpistole staubförmig auf das Metall aufgetragen, das zuvor sandgestrahlt wurde. Auf leicht rauer Oberfläche hält der Lack über dem Zink besonders gut. (Anschriften von Verzinkereien finden Sie in den „Gelben Seiten".)

Eine weitere Möglichkeit:

• Streichen Sie das Metall mit Rostmennige oder -primer. Dazu müssen Sie das Metall zuvor mit Waschbenzin oder ähnlichem sauber reinigen.

• Dann den Rostschutz mindestens zweimal auftragen, bevor Sie dem Metall den endgültigen Lackanstrich geben.

Vom richtigen Umgang mit Schrauben

Holzschrauben, Maschinenschrauben, Muttern und Beilagscheiben (Foto), sind meist weiß oder gelb verzinkt, oft auch galvanisiert.

Wenn Sie Schlitz- oder Kreuzschlitzschrauben einsetzen, achten Sie darauf, dass Sie den richtigen Bit-Einsatz wählen. Nicht passende Einsätze können den Schraubenkopf verletzen, das Zink springt ab, der Schraubenkopf wird allmählich rosten.

Massive Messingschrauben können nicht rosten.

Ohne den richtigen Halt geht es nicht

1 Um Pfosten-Ankern die nötige Stabilität zu geben, um z. B. die Pfosten einer Pergola zu tragen, müssen Sie die Teile einbetonieren. Beton benötigen Sie auch, um Palisaden bzw. Stützwänden festen Halt zu geben. Dazu müssen Sie ein ausreichend großes Loch graben. Den Anker bzw. die Pfosten fixieren, Beton einfüllen, fest einstampfen.

Was Sie über Beton und Mörtel wissen sollten

Beton und Mörtel bestehen aus Zement und Zuschlagstoffen, das sind Kies in verschiedenen Körnungen, Sand und Wasser.

Zement

Zement lässt sich im Baustoffhandel leicht beschaffen. In Bau- und Heimwerkermärkten werden Sie sicher auch fündig, doch bietet man dort lieber gleich eine Fertigmischung an, statt Kies und Sand einzeln ins Sortiment aufzunehmen. Zement wird in stabilen Papiersäcken mit einem Gewicht von 50 kg angeboten. Diese Menge kann gerade noch getragen werden. Fertigmischungen und Putze findet man auch in Gebinden ab 25 kg. **Für einfache Fundamente reicht Zement Z 35 F aus.**

Sand und Kies

Sand und Kies sind leichter zu bekommen, wenn Sie gleich einige Kubikmeter bestellen. Selbst innerhalb eines Ortes können sehr große Preisunterschiede bestehen, deshalb sollten Sie vorher unbedingt mehrere Angebote einholen. Und wenn Sie gleich noch sagen, wozu Sie das Material brauchen, liefert der Baustoffhändler automatisch die richtige Körnung von Sand und Kies.

Beim Kauf von Zement und Zuschlagstoffen können Sie auch das Schalholz, also Schaltafeln, Kanthölzer, Bretter und Dachlatten, mit anliefern lassen.

Wasser

Grundsätzlich sollten Sie nur sauberes Wasser zum Anmachen von Beton verwenden. Zum Abbinden brauchen Zement und Zusatzstoffe nur wenig Wasser.

Für die hier vorgestellten Fundamente reicht Beton der unteren Güteklasse aus. Obwohl Beton schon nach einem Tag bearbeitet werden kann, d. h. auf ihm kann gemauert werden, erlangt er seine volle Härte und Festigkeit erst nach 28 Tagen. Je besser der

1

2

3

4

frische Beton im Fundament gestampft und verdichtet wird, desto fester wird er später auch. Oft sind die Mischungsverhältnisse auf den Säcken angegeben.

Sand-, Kies- oder Betonmengen werden in Kubikmetern (cbm oder m³) angegeben. Für ein Fundament von 5,00 Meter Länge, 0,50 Meter Breite und 0,80 Meter Tiefe benötigen Sie genau 2 m³ Beton. Da der Beton nach dem Stampfen etwas schrumpft, brauchen Sie etwa 10 bis 20 Prozent mehr Trockenmasse. Übrigens: Auch bei trockener Lagerung verliert das Material seine Bindefähigkeit, daher sollten Sie nur soviel Zement kaufen, wie Sie für Ihr Vorhaben auch verarbeiten können.

Tricks vom Profi

2 Kleinere Gartenhäuser (z.B. das Blockbohlenhaus auf Seite 92ff.) brauchen nur Punktfundamente. Hier reicht es zum Beispiel, vier oder sechs Betonsteine in etwa 15 cm tiefe Löcher – genau waagrecht und im rechten Winkel ausgerichtet – zu setzen. Füllen Sie in jedes Loch einen Viertel Sack Fertigzement, setzen Sie die Steine mit den Öffnungen nach unten ein. Dann gießen Sie den Fertigzement mit einer Gießkanne vorsichtig an. Nach gut 24 Stunden sitzt Ihr Punktfundament bombenfest, Sie können die Grundbalken für das Haus darauflegen. Dazwischen kommt eine Schicht Dachpappe gegen aufsteigende Nässe.

3, 4 Geräteschuppen können Sie noch einfacher zu einem festen Stand verhelfen: Den weichen Mutterboden abtragen, Boden verdichten (evtl. mit einer Rüttelplatte, die Sie ausleihen können), dann eine Schicht Sand bzw. Kies auftragen, die Sie mit einer Richtlatte plan abziehen. Dazu legen Sie rechts und links der Länge nach im Abstand von ca. 1–2 Metern je eine ausgerichtete Latte oder ein Wasserrohr. Die Richtlatte (gibt's aus Aluminium, ein exaktes Brett mit Wasserwaage tut's auch) ziehen Sie dann zu sich her. Achten Sie darauf, dass vor der Latte immer etwas Sand bzw. Splitt liegt. Darauf legen Sie dann ganz einfache Beton-Gehwegplatten, die Sie abschließend nochmals mit der Wasserwaage ausrichten müssen.

Speziell für den Pergolenbau

5 Die 90 cm langen Bodenhülsen für Pfosten 9 x 9 cm werden einfach in den Boden eingeschlagen, fertig.

6 Pfostenanker mit fertigem Beton-sockel 25 x 25 x 50 eignen sich für eine schnelle, sichere Montage: Loch ausheben, Sockel hineinstellen, mit Wasserwaage und Richtschnur ausrichten, mit Erde auffüllen, feststampfen.

7 Um eine Pergola auf einem vorhandenen Fundament aufzubauen, brauchen Sie einen Standfuß zum Aufschrauben. Diese gibt es für Pfosten verschiedener Stärke (60, 80, 90 und 120 mm) zu kaufen.

8 Betonanker zum Einbetonieren gibt es in U-Form und in H-Form. Die Anker werden ca. 30 cm tief einbetoniert und zählen zu den stabilsten Halterungen.

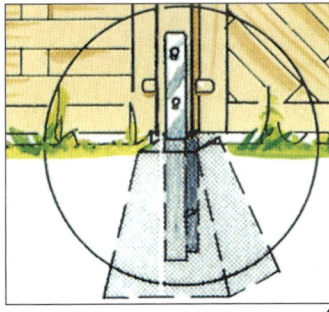

5

6

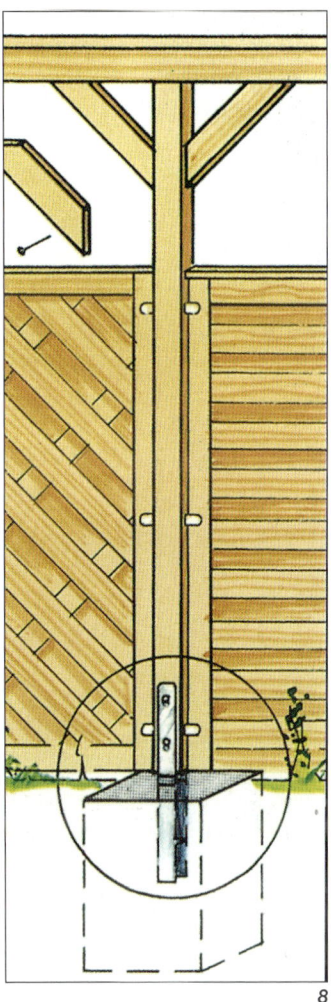

7

8

Gartengestaltung mit runden Hölzern

Um Palisaden oder Stützwände sicher im Boden zu befestigen, müssen Sie ein entsprechend tiefes Loch ausheben. Mindestens zu einem Drittel der Gesamtlänge müssen die Rund- bzw. Kanthölzer eingesetzt und einbetoniert werden. Ist der Druck von der einen Seite

Material
Langzeitpalisaden, Fertigzement oder Beton, Folie oder Dachpappe, Kies

Werkzeug

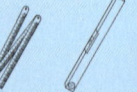

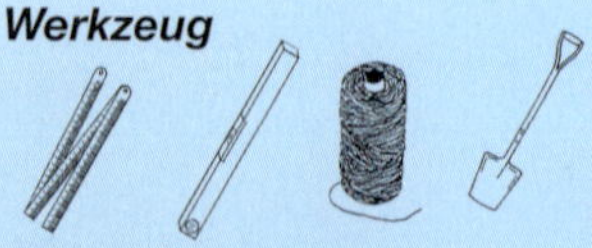

Schwierigkeitsgrad

0	1	2	3

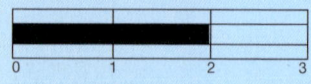

Kraftaufwand

0	1	2	3

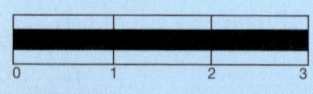

Arbeitszeit
Hängt von den lfd. Metern ab. Einen Tag müssen Sie mindestens veranschlagen.

Ersparnis
Palisaden kosten zwischen 1,25 Euro (40 cm) und 50 Euro (3 m). Sie sparen die Lohnkosten.

Gutes Anwendungsbeispiel: Hangbefestigung am Wohnhaus

höher, weil Sie z. B. einen Hang abstützen möchten oder Gelände vor dem Abrutschen sichern müssen, sollten Sie die Palisaden sogar noch tiefer einsetzen und gut einzementieren (s. Skizzen unten). Das Loch müssen Sie mindestens ein bis zwei Spaten breit ausheben, damit der Beton der Palisade bzw. der Palisadenwand auch genügend Halt gibt.

Ganz unten sollten Sie eine etwa 15 cm dicke Kiesschicht einbringen, damit das Wasser schneller versickert. Dann die Palisaden dicht an dicht einstellen.

Erst werden die Palisaden bzw. die Stützen eingesetzt, fixiert und dann der Zement eingefüllt; gut feststampfen.

Ein Drittel können Sie mit dem Aushubmaterial auffüllen, das zweite Drittel der Einbautiefe wird mit Magerbeton ausgegossen. Auf der Erdseite sollten Sie eine Schicht Folie bzw. Dachpappe aufbringen, damit die Erde nicht durchrieselt.

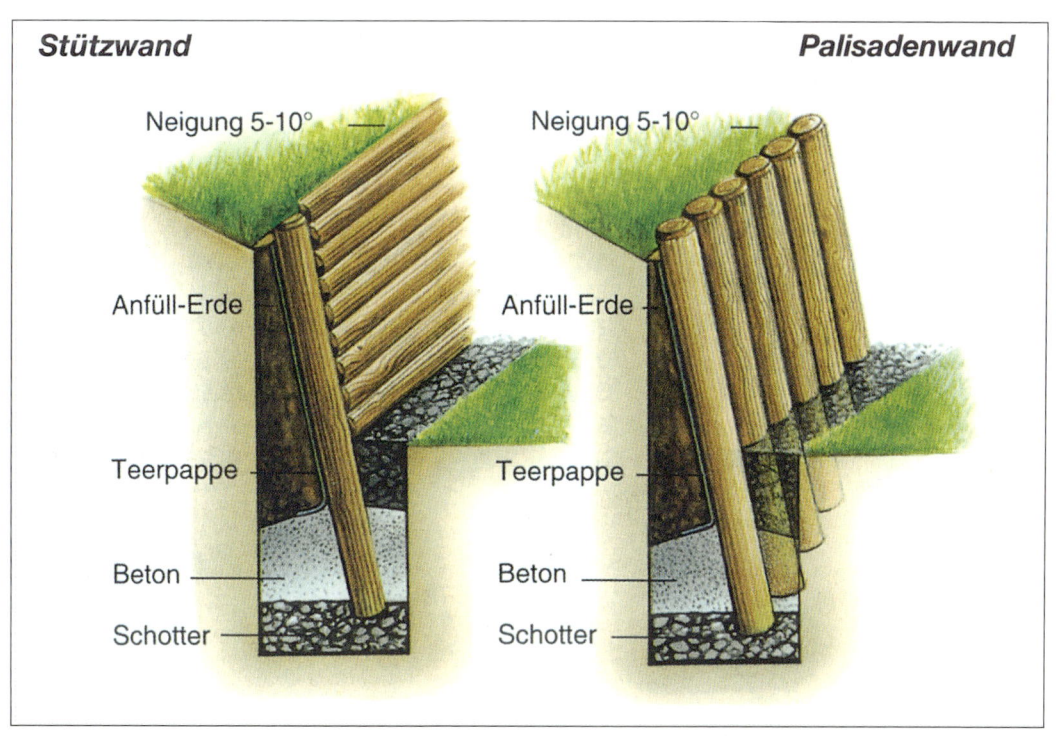

Stützwand **Palisadenwand**

Neigung 5-10°   Neigung 5-10°

Anfüll-Erde   Anfüll-Erde

Teerpappe   Teerpappe

Beton   Beton

Schotter   Schotter

... und noch einige Beispiele

1

Mit Holzpalisaden lassen sich trübe Aussichten vermeiden. Nach dem Motto: Weg mit dem eintönigen Betongrau! Der Blick aus dem Kellerfenster bzw. Tiefparterre wirkt mit einer gestaffelten Hangbefestigung gleich viel wohnlicher. Wenn Sie die so entstehenden Terrassen dann auch noch üppig grün und im Frühjahr und Sommer blühend bepflanzen, haben Sie einen wunderschönen Ausblick, der das Auge erfreut. Verwenden Sie nur kesseldruckimprägniertes Holz, damit diese Gestaltungsvariante auch gleich eine dauerhafte Lösung wird.

1 Mit wenigen Rundholzpalisaden lassen sich gut **Spielgeräte** bauen, die sehr viel Freude machen. Diese passen auch harmonisch in die natürliche Gartenumgebung, ein weiterer Pluspunkt für die Gestaltung mit Holz. Es gibt natürlich auch im Handel Kinderspielgeräte, die Sie nur noch zusammenbauen brauchen. Achten Sie darauf, dass die verwendeten Hölzer umweltfreundlich imprägniert sind, d. h. ohne Chromate. Schaukelbausätze gibt es zwischen 300 und 1500 Euro zu kaufen. Die Geräte sind erweiterbar mit Rutschen, Klettergerüsten und diversen Schaukelbrettern, auch für Kleinkinder.

2 Ein schönes Beispiel für eine Palisaden-Stützwand: das tiefer liegende **Gewächshaus** ist über eine Treppe zu erreichen, die rechts und links durch Palisaden gestützt und geschützt wird.

Müllbehälter und **Kompostanlagen**, die Sie verstecken möchten, können Sie ganz wunderbar mit einem Palisadenzaun umgeben, etwa in der Höhe der Behälter. Eine solche Lösung wirkt nicht störend und außerdem bleiben Mülltonne oder Komposter leicht zugänglich.

3 **Unterschiedliches Niveau** wird hier durch eine kleine Palisadenwand ausgeglichen. Gleichzeitig wird das Beet optisch vom dahinter liegenden Weg abgetrennt.

Der gute alte **Sandkasten** hat ausgedient, wenn Sie die Fläche, die den Kindern zum Sandkuchenbacken gehören soll, einfach mit Rundholzpfählen einfassen. Der Fantasie sind keine Grenze gesetzt – und Sie können die Sandkuhle ganz hervorragend der Gartenstruktur anpassen. Unterschiedliches Höhenniveau betont den natürlichen Verlauf von Bodenwellen, harte, unnatürlich wirkende Abgrenzungen werden vermieden.

2

3

Rundum geschützt

1

1 Zäune haben gleich zweierlei Funktion: sie dienen als dekorative Einfriedung des Grundstücks und auch als Schutzelement gegen unerwünschte Einblicke und Lärm. Ganz gleich, ob Sie auf fertige Zaunelemente zurückgreifen oder mit den im Handel angebotenen Latten Ihren eigenen, individuellen Zaun konstruieren – Sie sollten dabei auf jeden Fall kesseldruckimprägniertes Holz verwenden.

2 Nachdem Sie sich für Ihre Zaunform entschieden haben, können Sie das Material kaufen. Entweder fertige Elemente, oder aber, Sie las-

2

3

sen sich die Pfosten, Querträger und Latten nach Ihren Maßen im Holz- bzw. Baumarkt zuschneiden.

3 Das wichtigste, weil tragende Element eines jeden Zaunes sind

die Pfosten. Sie müssen in einer Linie ausgerichtet werden. Dazu sollten Sie zuerst den Eckpfosten und die Pfosten für die Türen aufstellen, die Lage der anderen Pfosten und auch der Abstand zwischen den einzelnen Zaunträgern ergibt sich daraus. Beachten Sie bitte dabei die Grundstücksgrenzen!

4 Sie können die (unten angespitzten) Pfosten mit einem Vorschlaghammer senkrecht in die Erde treiben. Den Boden sollten Sie vorher lockern. Je nach Zaunhöhe muss der Pfahl 50 bis 70 cm tief in die Erde kommen. Graben Sie dazu ein

4

Material
Pfosten ca. 10 x 10 cm, Querriegel ca. 5 x 3 cm, Zaunlatten (pro laufendem Meter 10 Stück), Spax-Schrauben 8,0 x 60 und 8,0 x 50, Türelement, Scharniere

Werkzeug
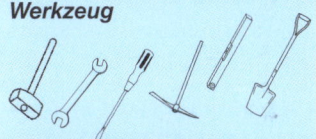

Schwierigkeitsgrad
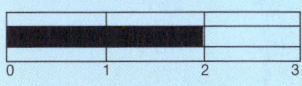

| 0 | 1 | 2 | 3 |

Kraftaufwand
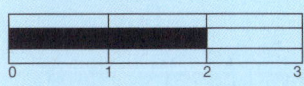

| 0 | 1 | 2 | 3 |

Arbeitszeit
Für 10 m Zaun sollten Sie 5 – 6 Stunden Arbeitszeit veranschlagen.

Ersparnis
Sie sparen den Arbeitslohn für den Handwerker (ca. 20 – 30 €/Std.), bei 10 m Zaun also ca. 250 €

5

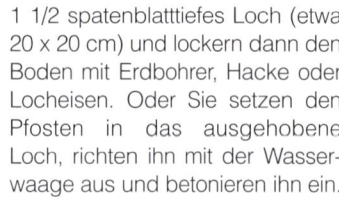

6

1 1/2 spatenblatttiefes Loch (etwa 20 x 20 cm) und lockern dann den Boden mit Erdbohrer, Hacke oder Locheisen. Oder Sie setzen den Pfosten in das ausgehobene Loch, richten ihn mit der Wasserwaage aus und betonieren ihn ein.

5 Schlagen Sie an den Eckpfählen an der oberen Außenkante jeweils einen Nagel ein. Daran befestigen Sie eine Richtschnur, die Höhe und Fluchtlinie festlegt. Setzen Sie dann den ersten Querriegel an und schrauben Sie ihn mit der Bohrmaschine mit Schraubeinsatz bzw. einem Akku-Schrauber fest.

6 Die Waagrechte ermitteln Sie am besten mit der Wasserwaage. Nachdem der Querriegel am äußeren rechten und am äußeren linken Pfosten angeschraubt ist, können Sie den Riegel mit den übrigen Pfosten verschrauben. Der innere Abstand der Querlatte wird so bemessen, dass er in etwa der halben Zaunhöhe entspricht.

7 Nun können Sie die Zaunlatten aufschrauben. Die erste Latte oben anschrauben, mit der Wasserwaage ausrichten und erst dann unten befestigen. Den Abstand zwischen den Latten ermit-

7

teln Sie am besten zuvor. Faustregel: Abstand = Lattenbreite.

8 Wenn der Zaun dann steht, geht es ans Einhängen der Tür bzw. Türen. Den Abstand der Pfosten, zwischen die die Tür gehängt werden soll, müssen Sie vorher ganz genau ausmessen. Nachdem Sie die Zaunlatten auf den Türrahmen geschraubt haben, befestigen Sie die Scharniere mit starken Schlossschrauben (Hersteller-Anweisung beachten), die Sie mit einem Gabelschlüssel oder einer Ratsche festziehen.

9 Ebenso verfahren Sie mit dem Gegenstück des Scharniers, das am Pfosten meist mit vier Schrauben befestigt wird. Auch hier leistet ein Ratschenschlüssel gute Dienste.

10 Wenn dann alles sitzt, hängen Sie die Tür probeweise ein, fixieren das Schloss bzw. die Torfalle und befestigen die Anschlagwinkel. Danach alles noch einmal fest anziehen und die Tür einhängen: fertig ist der Zaun. Dann können Sie, wenn Sie möchten, Ihren neuen Zaun noch in verschiedenen Tönen lasieren, durchscheinend oder deckend, z.B. weiß, blau, gelb, grau oder auch lachs.

8

9

10

Kletterhilfen – schnell und einfach

1

1 Spaliere bauen Sie am besten aus Holz. Verwenden Sie gehobelte, kesseldruckimprägnierte **Dachlatten** im Querschnitt von 24 x 48 mm. Als **Abstandhalter** schneiden Sie einfach mit der Säge kleine Stücke von vielleicht 5 cm Länge ab. Sie können aber auch ein Stück Alurohr verwenden, das Sie zwischen Spalier und Wand über die Bolzenschraube stecken.

Markieren Sie die Eckpunkte des Spaliers auf die Hauswand. Die Latten und Abstandhalter sollten Sie bereits am Boden vorbohren. Diese Bohrungen können Sie dann gleich als Schablone verwenden, wenn Sie die Löcher in die Hauswand bohren. Die Abstandhalter sollten immer zwischen den späteren Querlatten und nicht mehr als 1,5 m auseinander liegen. Für die Bohrungen verwenden Sie einen Bohrer mit einem 1 mm größeren Durchmesser als die Bolzenschrauben, mit denen Sie die Latten befestigen wollen.

Befestigen Sie erst die **senkrechten Latten**. Mit der Wasserwaage ausrichten! Wenn Sie oben anfangen, erleichtern Sie sich die Arbeit. Vorsicht oben auf der Leiter, ein Helfer sollte Sie sichern! Sind die senkrechten Latten befestigt, schrauben Sie in den vorgesehenen Abständen die **Querlatten** auf. Mit einer Akku-Bohrmaschine, Kreuzschlitz-Einsatz und Spax®-Schrauben tun Sie sich am leichtes-

Material
Dachlatten (24 x 48 mm) eventuell druckimprägniert, Spanndraht, Bolzenschrauben, Dübel, Beilagscheiben, Spax®-Schrauben, Nägel

Werkzeug
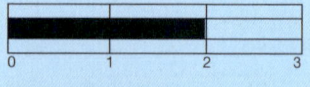
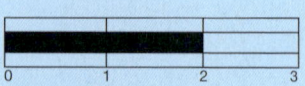

Schwierigkeitsgrad

0	1	2	3

Kraftaufwand

0	1	2	3

Arbeitszeit
Pro Quadratmeter müssen Sie mit einem Zeitaufwand von etwa einer halben Stunde rechnen.

Ersparnis
Pro Quadratmeter sparen Sie beim Selbermachen rund 13 €

2

3

ten, da sich keine Kabel verheddern können und Sie einen kräftigen „Biss" im Schrauber haben.
Auch hier gilt: Die Latte erst an einer Ecke befestigen, dann mit der **Wasserwaage** ausrichten, danach an der anderen Ecke anschrauben. Erst wenn alle Latten so fixiert sind, verschrauben Sie die Querlatten mit den senkrechten an allen Kreuzungspunkten.

Fertige Produkte

2 Zum Festhalten brauchen die allermeisten Kletterpflanzen ein Spalier. Wenn Ihnen der Aufwand zu groß ist, selbst eins zu bauen, können Sie im Gartenfachgeschäft oder bei Baumärkten fündig werden. **Fertige Spaliere**, die Sie z. B. direkt in die 1 m breiten Pflanzkästen stecken können, sind oft auch aus Holz und ca. 170 cm hoch. Etwas größere Gestelle gibt es freistehend, zwischen 1,80 und 2 m breit und ebenso hoch. Im Prinzip können Sie auch jedes beliebige Rankgitter (150 x 180 cm bzw. 180 x 180 cm) kaufen und mit entsprechenden schrägen Abstützungen aufstellen bzw. mit Kübeln und Kisten aus dem gleichen Material zu einer festen und stabilen Einheit verbinden.
Wenn Sie die Pflanze nicht in die Er-

de setzen möchten, etwa, weil sie nicht winterhart ist, wird sie einfach davor in Topf oder Kübel gesetzt.

3 Ist das Spalier fertig gebaut bzw. aufgestellt, können Sie mit dem Pflanzen beginnen. Üppig wächst zum Beispiel die **Clematis**, da ist vom Spalier bald nichts mehr zu sehen.

Egal welche Form Sie für Ihr Spalier gewählt haben, die klassische, rechteckige Variante oder das Rautenmuster: Beim Bepflanzen sollten Sie auch daran denken, den Boden zu verbessern. Mindestens zwei Spaten breit und

zwei Spaten tief sollte das Pflanzloch sein. Die Größe des Wurzelballens ist dabei natürlich zu berücksichtigen. **Kompost** untermischen (oder gleich Komposterde verwenden) und eine Portion **Dauerdünger** zugeben – der Zusatz »cote« deutet immer auf einen Langzeitdünger hin – und schon haben Sie für Ihre Pflanzen alles bestens vorbereitet.

4, 5 Pflanzen am **Rundbogen** und am **Spalier** liegen im Trend. Im Handel gibt es alle möglichen Bögen, die Sie auch gut mit einer Pergola verbinden können. An so ei-

nem „Klettergerüst" rankt dann z. B. eine Passionsblume, unten könnten Petunien, Geranien oder der Mottenkönig wachsen.

Die Illustration unten zeigt, wie eine solche Pergola/Bogen-Kombination im Querschnitt aussehen könnte. Und, wie schon gesagt: Ihrer Fantasie und Kreativität sind keine Grenzen gesetzt.

4

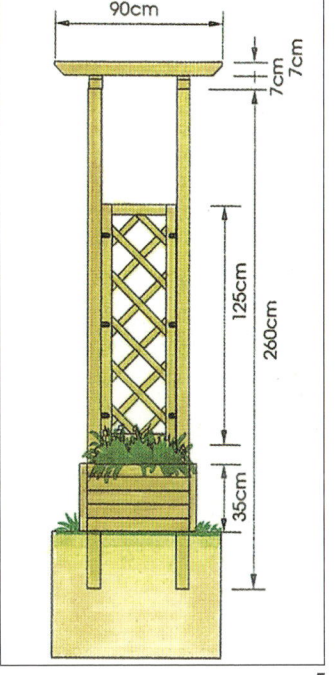

5

Rustikales Hochbeet

Warme Füße und ein trockener Kopf, so lautet die Faustregel für erfolgreiches Gärtnern. Wenn Sie einen eigenen kleinen Gemüsegarten anlegen möchten, bauen Sie sich doch einfach ein Hochbeet. Das ist mit ganz einfachen Mitteln möglich und gar kein Problem.

Für einen solchen Gemüsegarten auf kleinstem Raum brauchen Sie einen sonnigen Platz. Die ideale Größe für ein Hochbeet sind etwa 1,20 bis 1,50 m Breite und 2,50 bis 3 m Länge. Die Richtung sollte von Nord nach Süd verlaufen. So nutzen Sie die Anbaufläche am besten aus und vermeiden Schatten. Haben Sie den richtigen Platz im Garten gefunden? Dann kann's losgehen:

1 Besorgen Sie sich **alte Balken** aus Abbruchhäusern oder **Eisenbahnschwellen**. (Die sind allerdings oft stark verschmutzt und durch die Schutzmittel extrem belastet!) Für solche Balken müssen Sie etwa 25 bis 30 Euro pro Stück bezahlen. Adressen finden Sie in Anzeigenblättern wie „kurz & fündig" oder im Kleinanzeigenteil Ihrer Tageszeitung. Heben Sie dann die Erde in der Größe des Beetes etwa einen Spatenstich tief aus. Die Er-

de darunter mit einer Grabegabel kräftig auflockern.

2 Die Begrenzung (etwa 80 cm hoch) konstruieren Sie am besten aus den Balken, die Sie nur aufeinanderzulegen brauchen. Solche Schwellen haben ein so hohes Eigengewicht, dass Sie nicht groß bohren und schrauben müssen; die Konstruktion hält allein durch das Eigengewicht. Sie können aber auch **druckimprägnierte Rundpalisaden** verwenden, die in den Boden eingelassen werden (s. Seite 60). Darauf werden Halbrundhölzer in der entsprechenden Länge bzw. Breite quer aufgeschraubt oder aufgenagelt.

3 In den fertigen Kasten geben Sie eine etwa 30 cm hohe Schicht **Baum- oder Beerenschnitt** (evtl. aus dem Häcksler). Das bringt die richtige Durchlüftung.
Die nächste Lage: **unreifer Kompost** (also frische Küchen- und Gartenabfälle) oder **Mist** (Schafs-, Pferde- oder strohigen Kuhmist). Wenn Sie etwas Horn-Blut-Knochenmehl darüberstreuen, kommt der Rotteprozess, der ja die wachstumsfördernde Wärme erzeugt, schneller in Gang. Darauf schütten Sie bis etwa 20 cm unter-

halb des Beetrandes sog. Mutterboden (= gute Gartenerde).

4 Zum Abschluss genügt eine satte Schicht feinkrümelige **Komposterde**. Der besondere Tipp: Eine Bahn **Kükendraht** schützt die Pflanzen vor Wühlmäusen. Diesen feinma-

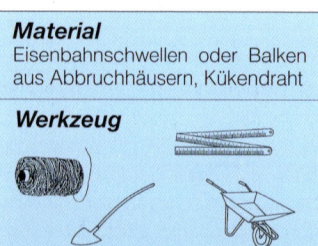

Material
Eisenbahnschwellen oder Balken aus Abbruchhäusern, Kükendraht

Werkzeug

Schwierigkeitsgrad

0	1	2	3

Kraftaufwand

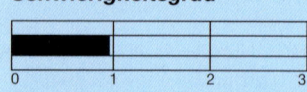

0	1	2	3

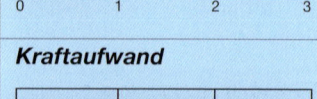

Arbeitszeit
Abgesehen von der manchmal langwierigen Beschaffung der Balken, maximal ein Wochenende.

Ersparnis
Einige 50 € wenn Sie an Stelle von Rundpalisaden gebrauchte Schwellen bzw. Balken verwenden.

schigen Draht gibt es im Baumarkt. Das Drahtgeflecht kommt etwa 15 – 20 cm unter die oberste Schicht.

Jetzt können Sie pflanzen
Am besten legen Sie eine bunte **Mischkultur** an. Da brauchen Sie wegen der dichten Bepflanzung kaum Unkraut zu jäten!

TIPP 1 Nehmen Sie Setzlinge für die Bepflanzung, die gedeihen schneller als Samen.

TIPP 2 Tomaten und andere hohe Pflanzen gehören an das Nordende des Beets, in die Mitte kommen die mittelhohen und an die Südseite die niedrigen Pflanzen.

TIPP 3 Die Beetränder sind gut für Hängepflanzen wie Gurken geeignet.

TIPP 4 Im ersten Jahr sollten Sie verschiedene Salate, Karotten und Zwiebeln anpflanzen, auch Kohlarten, Radieschen und Sellerie wachsen sehr gut.

TIPP 5 Im zweiten und dritten Jahr die Bepflanzung nach den Regeln der Mischkultur wechseln. Also z.B. Bohnen, Gurken und Schwarzwurzeln einsetzen.

1

2

3

4

Ein gemütlicher Sitzplatz

Einen überdachten Freisitz von 20 m² Fläche können Sie sich aus den nebenstehenden Teilen bauen. Der Holzfachhandel führt eine ganze Reihe von Grundelementen, auch in verschiedenen Holzarten (s. Materialkunde, Seite 30). Dieser Vorschlag kann nur eine Anregung sein, da Sie die Laube ja individuell Ihrem Garten anpassen müssen.
Wichtig: Bereiten Sie den Untergrund gut vor, am besten mit der Rüttelplatte. Setzen Sie die Bodenhülsen bzw. die Betonanker fest ein (Grundkurs, Seite 57 f.). Für die schnelle und sichere Montage können Sie auch fertige Pfostenanker mit Betonsockel kaufen. Sie sparen sich dabei die Arbeit, ein Fundament aus Beton zu gießen.
Zum Abschluss sollten Sie zwischen den Reitern feuerverzinkten Draht spannen, damit die Pflanzen zu einem Sonnendach verwachsen.

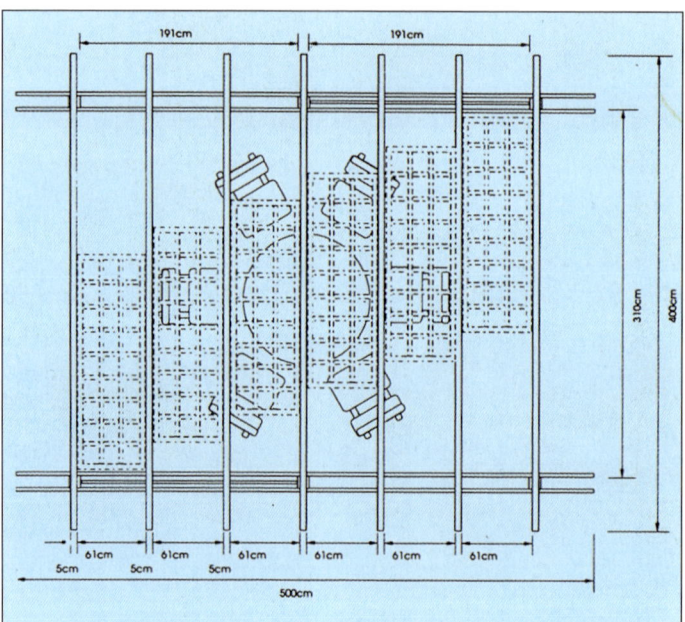

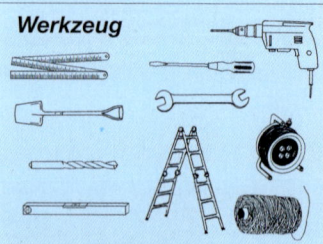

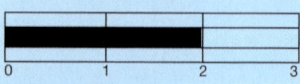

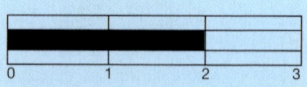

Material
7 Reiter 5,5 x 12 x 400 cm
8 Sattelbretter 2,7 x 12 x 250 cm
2 Rankgitter 180 x 190 cm
6 Pfosten 9 x 9 x 230 cm
<u>für die Bodenverankerung:</u>
6 Bodenhülsen oder 6 H-Anker
12 M-Schrauben M 10 x 120 mm
<u>für die Befestigung der Rankgitter:</u>
8 L-Beschläge

Werkzeug

Schwierigkeitsgrad

| 0 | 1 | 2 | 3 |

Kraftaufwand

| 0 | 1 | 2 | 3 |

Arbeitszeit
Für einen Freisitz wie auf der Illustration rechts müssen Sie etwa zwei Wochenenden veranschlagen.

Ersparnis
Sie sparen das Geld, das ein Fachmann für den Aufbau verlangen würde: ca. 25–35 €/Stunde.

Erholsamer Sitzplatz: Wenn die Ranken über das Dach gewachsen sind, haben Sie einen schattigen Freisitz

Ungewöhnlich: Wege und Plätze aus Holz

Wirkungsvoll und haltbar: Rundholzpflaster

Wege und Stege aus Holz sind vielleicht noch etwas selten, aber sehr dekorativ. Die einfachste Möglichkeit ist ein Holzpflaster. Es lässt sich auch von Laien relativ einfach verlegen. Die Klötze (rechteckig oder Rundholz) werden dicht an dicht in ein Sandbett gelegt und mehrmals mit Wasser und Sand eingeschlämmt. Die Klotzhöhen betragen zwischen 10 und 15 cm. Die einzelnen Stücke werden erst nach dem letzten Bearbeitungsgang kesseldruckimprägniert, damit ein Rundum-Schutz gewährleistet ist.

Rundholzpflaster wirkt – in Kombination mit kurzen Palisaden sehr harmonisch. Problemlos lassen sich mit dem Holzpflaster auch Stufen und Treppen im Garten gestalten. Kantholzpalisaden gewährleisten einen festen Stufenhalt. Sie werden zu etwa einem Drittel in den Boden eingelassen und eventuell einzementiert. Den Trittbereich der Stufen füllen Sie am besten mit Kantholz- bzw. Rundholzpflaster in kleinerem Durchmesser aus. Der Fantasie sind keine Grenzen gesetzt. Einen kleinen Nachteil hat Holzpflaster: bei Nässe Rutschgefahr!

Material
Rund- bzw. Kantholzpflaster (als 0,5 m²-Gebinde bzw. lose in Säcken erhältlich), Kies, Sand; eventuell Querriegel für Treppenstufen, Zementmörtel bzw. Beton

Werkzeug

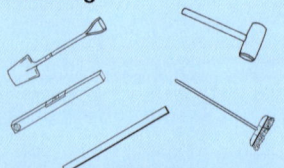

Ideal, wenn Sie sich zum Verdichten des Unterbaus und nach dem Verlegen der Pflasterklötze eine Rüttelpatte ausleihen könnten.

Schwierigkeitsgrad

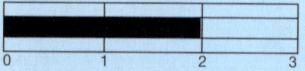

Kraftaufwand

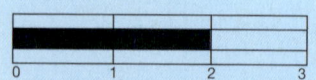

Arbeitszeit
Um einen Weg bzw. Sitzplatz wie beschrieben zu verlegen, benötigen Sie etwa einen guten Tag.

Ersparnis
Durch die Eigenleistung sparen Sie etwa 250 – 300 € an Lohnkosten für den Gärtner.

1 Stecken Sie den Weg bzw. Platz ab und heben den festen Boden ca. 25 cm tief aus. Darauf bringen Sie eine wasserdurchlässige Kiesschicht und darüber eine 5–10 cm dicke Sandschicht auf. Die Sandschicht mit einer Latte eben abziehen. Die seitlichen Richtplatten werden später entfernt.

2 Dann stellen Sie die Pflasterholzstücke einzeln dicht nebeneinander auf (durch Auswahl verschiedener Durchmesser erreichen Sie eine möglichst geringe Fugenbildung). Zuerst mit der Wasserwaage ausrichten und mit einem Gummihammer festklopfen.

3 Die Fugen mit Sand (z. B. mit Besen oder Gummischaber) ausfüllen und einschlämmen. Danach mit Stampfer bzw. Rüttelplatte verdichten und noch einmal mit Sand auffüllen und sauber fegen.

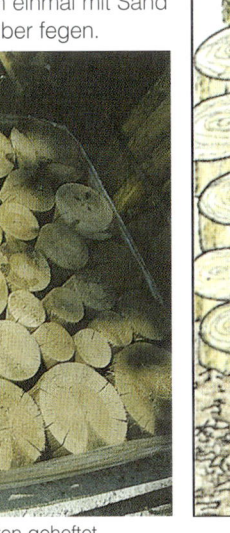

Holzpflaster gibt es in Säcken oder locker auf Kunststoffmatten geheftet

Der schnelle Weg zum Miniteich

Ein Miniteich oder ein kleiner Brunnen ist mit relativ einfachen Mitteln zu realisieren. Und er passt sich wunderbar jedem mit Holz gestalteten Garten an. Kaufen Sie sich einen **Holzzuber** im Gartencenter oder besorgen Sie sich ein **halbiertes Fass**. Die Innenseite wird ganz einfach mit Flüssigkunststoff gestrichen. Dann etwas Wasserpflanzenerde einfüllen und Pflanzen nach Ihrer Wahl (gibt es auch im Container) einsetzen. Beliebt: Seerosen und Gräser.

Kunststoffbecken mit Holz

Bei den meisten Brunnen, die der Hobbygärtner selbst bauen kann, handelt es sich immer um einen geschlossenen Wasserkreislauf. Das sprudelnde Wasser wird über ein Auffangbecken (das nicht unbedingt sichtbar sein muss) mit-

hilfe einer Pumpe wieder nach oben transportiert. Pflegeaufwand: gering. Nur verdunstetes Wasser müssen Sie wieder auffüllen.

Das Auffangbecken: Am einfachsten, Sie kaufen im Baumarkt einen fertigen Blumentrog aus gehobeltem Vierkantholz, ca. 60 x 60 cm, 30 bis 40 cm hoch. Der wird dann innen mit einer etwa 0,5 mm starken Teichfolie ausgekleidet. Im Holzhandel gibt es auch schon fertige Tröge (ausgekleidet oder mit Kunststoffeinsatz) zu kaufen.

Ziersteine für Ihren kleinen Brunnen können Sie in der Natur finden. Oder aber kaufen. Die Baustoffmärkte helfen da gern weiter – und liefern schweres Gestein bis vor die Haustür. Besonders schön sind weiße Steine aus Carrara-Marmor oder österreichische Gletschersteine. Schmuckstück ist dann ein Sprudelstein. Auch den gibt es für etwa 200 Euro im Baustoffhandel.

Pumpen und Springbrunnen

Flachwasserpumpen sind ideal für Auffangbecken. Sie benötigen dafür lediglich eine Steckdose. Die Verbindung zum Sprudelstein erfolgt über einen Schlauch (1/2- oder 3/4-Zoll). Mit einem Sprühauf-

Material
Fertiges Teichbecken aus Kunststoff oder Blumentrog aus Vierkantholz mit Teichfolie zum Auskleiden, Ziersteine in verschiedenen Größen, Pumpe 220 Volt, 12 Volt oder solarbetrieben, hochwertiger Schlauch (1/2- oder 3/4-Zoll) mit entsprechenden Verbindern, eventuell Sprühaufsatz oder Sprudelstein, Wasserpflanzen im Container, fertig zum Einsetzen.

Werkzeug

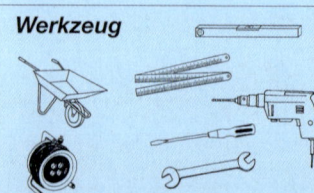

Schwierigkeitsgrad

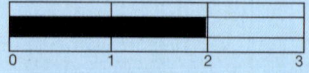

Kraftaufwand

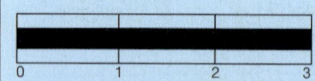

Arbeitszeit
Für einen Brunnen mit Steinen und Sprudler ca. 2 Tage; für einen bepflanzten Wassertrog ca. 4–6 Std.

Ersparnis
Gegenüber fertigen Brunnen etwa 100 bis 250 € je nach Aufwand und Ausstattung Ihrer Anlage.

satz können Sie sich die passenden Wasserspiele in den Garten holen. Pumpen niemals direkt auf den Beckenboden stellen, damit sie nicht so schnell verschmutzen.

Strom und Wasser
Alle Geräte, die mit 220 Volt-Strom betrieben werden, müssen das VDE-Zeichen tragen. Alle Leitungen und Steckdosen, Lampen und Verbindungskabel müssen vor Wasser geschützt sein und sollten von einem Fachmann angeschlossen werden. Empfehlenswert sind kleinere Pumpen, die mit 12 Volt betrieben werden, zum Teil mit einer Autobatterie. Der neueste Trend (aber teuer): Wasserspiele, mit Sonnenkraft betrieben.

Wasserpflanzen
Besonders geeignet für einen Kübel sind Pflanzen, die Sie bereits angezogen in einem Container kaufen und jederzeit ins Wasser einsetzen können, wie z. B. **Seerosen**, **Sumpfschwertlilien**, **Blumenbinse**. Es gibt auch Schwimmpflanzen, die keine Erde brauchen, z. B. **Wasserhyazinthe**.

Einfach, aber wirkungsvoll: Holztrog mit Wasserpflanzen

Das Meisterstück: Der eigene Steg

Wasser gehört zu den entspannendsten Elementen im Garten. Der Platz auf dem Steg ist ein toller Beobachtungsplatz für das Leben und Treiben (z. B. von Insekten) auf der Teichoberfläche – nicht nur für die Kinder …

Material
Pfosten (ca. 10 x 10 cm) und Bretter (10 x 2 cm), druckimprägniert; 2 Schlossschrauben; Spax-Schrauben min. 8,0 x 60

Werkzeug

Schwierigkeitsgrad

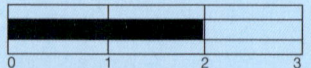

| 0 | 1 | 2 | 3 |

Kraftaufwand

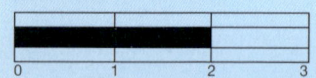

| 0 | 1 | 2 | 3 |

Arbeitszeit
Bei einer Arbeitszeit von 8 Std. können Sie den Steg bequem an einem Wochenende bauen.

Ersparnis
Individuelle Anfertigung. Dadurch sparen Sie die Lohnkosten für mindestens 8 Stunden.

Ein Steg ist auch ein optisches Gestaltungselement

Der Steg: Ein idealer Platz, um das Leben rund um den Gartenteich zu beobachten

1

2

Und so wird's gemacht:

1 Die Länge des Stegs und die Höhe der vorderen Pfosten ergeben sich aus den Gegebenheiten Ihres Gartenteiches. Zuerst müssen Sie die beiden Längsträger zumindest am vorderen Ende mit einem Querträger (Länge ergibt sich aus der gewünschten Stegbreite) verbinden. Für eine stabile und dauerhafte Verbindung schneiden Sie in die Längsträger je eine Aussparung von der halben Pfostenstärke. Dann verbinden Sie die beiden Träger mit einem Querbalken, der genau in diese Aussparung passt. Mit Spax®-Schrauben befestigen. Ähnlich verfahren Sie mit den Stützen: In die Stützpfosten im oberen Ende eine Aussparung sägen, die der halben Breite der Längsträger entspricht. Das untere Ende etwa 10 cm hoch im 45°-Winkel absägen. Mit Schlossschrauben verbinden.

Danach beginnen Sie, von hinten die Bretter aufzuschrauben; Überstand von ca. 2–3 cm rechts und links. Kanten mit der Handkreissäge begradigen, mit Winkel- oder Schwingschleifer brechen und von Sägesplittern befreien, damit sich später niemand verletzen kann.

2 Den fertigen Steg dann am besten zu zweit zum Wasser transportieren. **Tipp:** Bauen Sie den Steg in Teichnähe zusammen, um sich schweres Tragen zu ersparen.

3 Damit der neue Steg auch fest und sicher steht, brauchen Sie im Wasser eine Art Fundament. In der Praxis bewährt hat sich ein fester Pflanz- bzw. Mörteleimer (Baumarkt), den Sie mit Kies füllen. Dadurch vermeiden Sie auch, dass die Stützen des Stegs die Teichfolie beschädigen (falls es sich um einen künstlich angelegten Gartenteich handelt). Diese Fundamente – für den gezeigten Steg brauchen Sie zwei Stück – stellen Sie fest an den richtigen Platz.

4 Dann senken Sie die Steg-Träger in die mit Kies gefüllten Eimer, bis sie wirklich fest fixiert sind. Am Ufer müssen Sie dann nur noch den Boden, auf dem der Steg aufliegt, begradigen und neu bepflanzen.

Fantasie kennt keine Grenzen
Wenn Ihr Gartenteich bis ans Haus heranreicht, können Sie sich gleich eine wohnliche Terrasse konstruieren, die über dem Wasser schwebt. Folgen Sie bei der Planung dem Steg-Prinzip.

3

4

Ins rechte Licht gerückt

Richtig romantisch wird Ihr neu gestalteter, lauschiger Holz-Garten erst am Abend, wenn Ruhe einkehrt auf den Straßen, wenn die Nachbarn ihren Rasenmäher in der Garage geparkt haben und die Kinder im Bett sind. Dann ist Zeit, das „Zimmer im Grünen" so richtig zu genießen, im warmen Schein eines Windlichts etwa. Wenn Sie es ganz perfekt haben möchten, dann sollten Sie sich festinstallierte Leuchten für draußen anschaffen.

Außenlampen mit Infrarot-Bewegungsmelder

Wenn Sie irgendwo am Haus einen direkten Stromauslass haben, können Sie eigentlich jede beliebige Außenleuchte montieren. Raffiniert: Außenlampen mit Infrarot-Bewegungsmelder, die bereits ab 50 Euro im Handel sind. Das Licht schaltet sich automatisch ein, sobald Sie in den Bereich des Sensors kommen, der übrigens verstellbar ist. Selbst bestimmen können Sie auch die Zeit, wie lange die Lampe brennen soll: Sie ist zwischen 8 Sekunden und 12 Minuten regelbar. Idealerweise sollten Sie ein Modell wählen, das sich problemlos auf Dauerlicht umstellen lässt. Diese Lampen gibt es übrigens auch als Halogen-Fluter mit

250 bis 500 Watt. Leider sind viele der angebotenen Beleuchtungskörper optisch nicht sehr schön.

Attraktiver – und für den Garten auch wesentlich gemütlicher – sind Niedervolt-Außenlampen, die ganz einfach zu montieren sind. Sie brauchen lediglich eine Außensteckdose am Haus oder der Garage, an die der Transformator angeschlossen wird. Die Leuchten, je nach Ausführung zwischen zwei und sechs Stück, werden einfach

Druckimprägnierte Gartenleuchte

in die Erde gesteckt. Da die Anlage mit Niederspannung (in der Regel 12 Volt) betrieben wird, besteht auch bei freiliegenden Leitungen keine Gefahr. Für so eine Anlage müssen Sie zwischen 25 und 75

Material
Niederspannungs-Außenleuchtensystem oder Solarleuchte, eventuell Dübel und Schrauben für die Wandbefestigung

Werkzeug

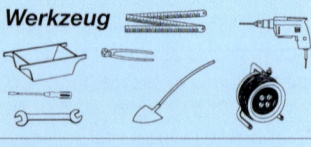

Schwierigkeitsgrad

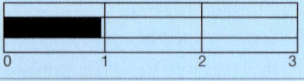

| 0 | 1 | 2 | 3 |

Kraftaufwand

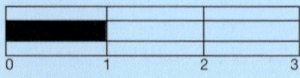

| 0 | 1 | 2 | 3 |

Arbeitszeit
1–2 Stunden, je nach Anzahl der Leuchten und den vorhandenen Elektroanschlüssen.

Ersparnis
Wenn Sie Elektroinstallationen ausführen müssen und können(!): etwa 50 €

Euro anlegen. Mit den Leuchten können Sie interessante Effekte erzielen, die die Pflanzen in Ihrem „Grünen Zimmer" erst so richtig zur Geltung bringen.

Umweltbewusst und sparsam? Dann sollten Sie sich eine Solarleuchte kaufen. Die bringt Licht ins Dunkel, ganz ohne Kabel. Es gibt Ausführungen, die Sie sowohl als Tisch-, Wand- und Gartenstehleuchte verwenden können. Die Solarpaneele sollten aus multikristallinen Solarzellen sein. Sinnvoll ist auch ein herausnehmbarer Akku, den Sie bei schlechtem Wetter separat aufladen können. Richtwert: Brenndauer pro Nacht etwa 5 Stunden. Preis je nach Ausführung von 35 bis 75 Euro.
Es gibt im Handel natürlich auch attraktive, formschön gestaltete Gartenleuchten, druckimprägniert in lindgrün oder imprägniert, grundiert und durchscheinend in verschiedenen Farbtönen lasiert. Der Kabelkanal ist abgedeckt. Die aufgesetzten Leuchten aus schwarz lackiertem Aluminium fassen Birnen bis 100 Watt und sind bis −40 °C getestet. Befestigt werden die Pfosten schnell und einfach in Pfostenankern mit fertigem Betonsockel (s. Grundkurs, S. 57).

Zauberhafte Atmosphäre, wenn die Beleuchtung stimmt

Nur was für sonnige Gemüter

Der Bau dieser Sonnenliege und des Beistelltischchens ist auch für weniger geübte Heimwerker machbar. Besorgen Sie sich zuerst das Material entsprechend der Liste. Und dann kann es losgehen. Übrigens: Red Cedar braucht keine Oberflächenbehandlung.

Material
Kaufen Sie Holz und Beschläge nach nebenstehender Liste ein.

Werkzeug

Schwierigkeitsgrad

0	1	2	3

Kraftaufwand

0	1	2	3

Arbeitszeit
An einem Wochenende dürften Sie Sonnenliege und Tisch problemlos zusammenbauen können.

Ersparnis
Sie sparen die Differenz zwischen Holz- und Beschlägepreis zum Kaufpreis ähnlicher Modelle.

Materialliste (Liege)

Pos.	Anz.	Bezeichnung	Maße in mm		Material
1	2	Füße	90 x	280	
2	2	Füße	90 x	300	
3	2	Längsträger	90 x	1980	
4	2	Lehnenträger	90 x	665	Red Cedar
5	1	Justierbrett	90 x	535	26 mm
6	3	Unterzüge	90 x	600	
7	1	Fixierholz	90 x	30	
8	2	Stützstreben	90 x	300*	
9	4	Räder 125 ø aus	140 x	26	
10	2	Stirnbretter	90 x	600	
11	6	Lehnenbretter	90 x	600**	Red Cedar
12	13	Auflagebretter	90 x	600	20 mm
13	1	Querstütze	90 x	440***	
14	4	Fixierklötze	30 x 10 x 90		

8 Schlossschrauben (Messing) M 8 x 60 mit Scheiben und Flügelmuttern; 4 Hutmuttern (Messing) M 8; 4 Scheiben für M 8, 2 Gewindestäbe M 8 x 95 mm; 14 Spanplattenschrauben 4,0 x 40; 96 Spanplattenschrauben 4,0 x 50; 4 Holzkugeln ø 15; 4 Holzdübel ø 6 x 55

    * auf 25 mm Breite geschnitten
  ** unteres Brett auf 495 mm gekürzt
*** auf 40 mm Breite geschnitten

Materialliste (Beistelltisch)

Pos.	Anz.	Bezeichnung	Maße in mm		Material
1	4	Füße	90 x	300	Red Cedar
2	2	Querträger	90 x	680	26 mm
3	2	Stirnbretter	90 x	600	Red Cedar
4	6	Auflagebretter	90 x	600	20 mm

4 Schlossschrauben (Messing) M 8 x 60 mit Scheiben und Flügelmuttern; 32 Spanplattenschrauben 4,0 x 50.

Einladend: Die Sonnenliege und das Beistelltischchen aus Red Cedar-Holz

1 Alle Rahmenteile aus 26 mm starken Brettern nach den Maßen der Materialliste (s. Seite 86) auf Länge schneiden. Die zu rundenden Ecken mit einem Zirkel anreißen. Der Radius entspricht mit 45 mm der halben Brettbreite. Der Kreismittelpunkt ist gleichzeitig die Markierung für die Bohrungen, durch die später die Schlossschrauben zur Verbindung der Teile gesteckt werden.

1

2 Zum Herstellen der Verbindungslöcher wird die Bohrmaschine in den Bohrständer eingespannt. Den Maschinenschraubstock mit den eingespannten Brettern so positionieren, dass der Bohrer beim Absenken der Markierung exakt trifft. Passende Zulagen schützen die Brettkanten beim Einspannen. Seitlich unterlegte Klötzchen verhindern das Abkippen des überstehenden Bretts. Den Tiefenanschlag zum Durchbohren entsprechend einstellen.

2

3 Das Aussägen der Rundungen mit normal geführter Stichsäge bereitet Schwierigkeiten, weil die Fußplatte der Maschine nicht ganzflächig aufliegen kann. Hier bewährt sich die Kombination mit einem Sägetisch: Die Bretter liegen mit größerer Fläche auf, während man sie ans Sägeblatt heranführt. Der Spanreißschutz in der Tischplatte sorgt für saubere Sägekanten.

3

4 Der Sägeschnitt an den Rundungen wird noch etwas nachgeschliffen. Der Bandschleifer lässt sich mit dem Untergestell (Sonderzubehör) in verschiedenen Positionen auf der Werkbank befestigen. Hier ist er seitlich liegend montiert. So kann man das Werkstück flach aufliegend an das Schleifband heranführen. Eine untergelegte Platte überbrückt dabei den Abstand zwischen Werkbank und Schleifband.

4

5

5 Mit der Oberfräse, montiert in einen Fräsständer, und einer speziellen Fräseinrichtung sowie dem geeigneten Viertelstabfräser mit Anlaufring werden die Kanten der halbkreisförmigen Enden gerundet. So passt sich die Rundung dem bereits vorhandenen Profil der Brett-Längskanten an. Nur dort, wo zwei Rahmenteile miteinander verschraubt werden, lässt man die innenliegenden Kanten ungebrochen.

6

6 Wenn die Rahmenteile von Liege und Beistelltisch durch Schlossschrauben verbunden sind, werden die Auflagebretter verschraubt. Zuvor mit dem Viertelstabfräser die kurzen Seiten der Auflagebretter passend zu den Längskanten runden und die Schraublöcher in gleichen Abständen vorbohren und ansenken. Der Akkuschrauber mit Drehkraftvorwahl erleichtert das gleichmäßige Eindrehen der Schrauben.

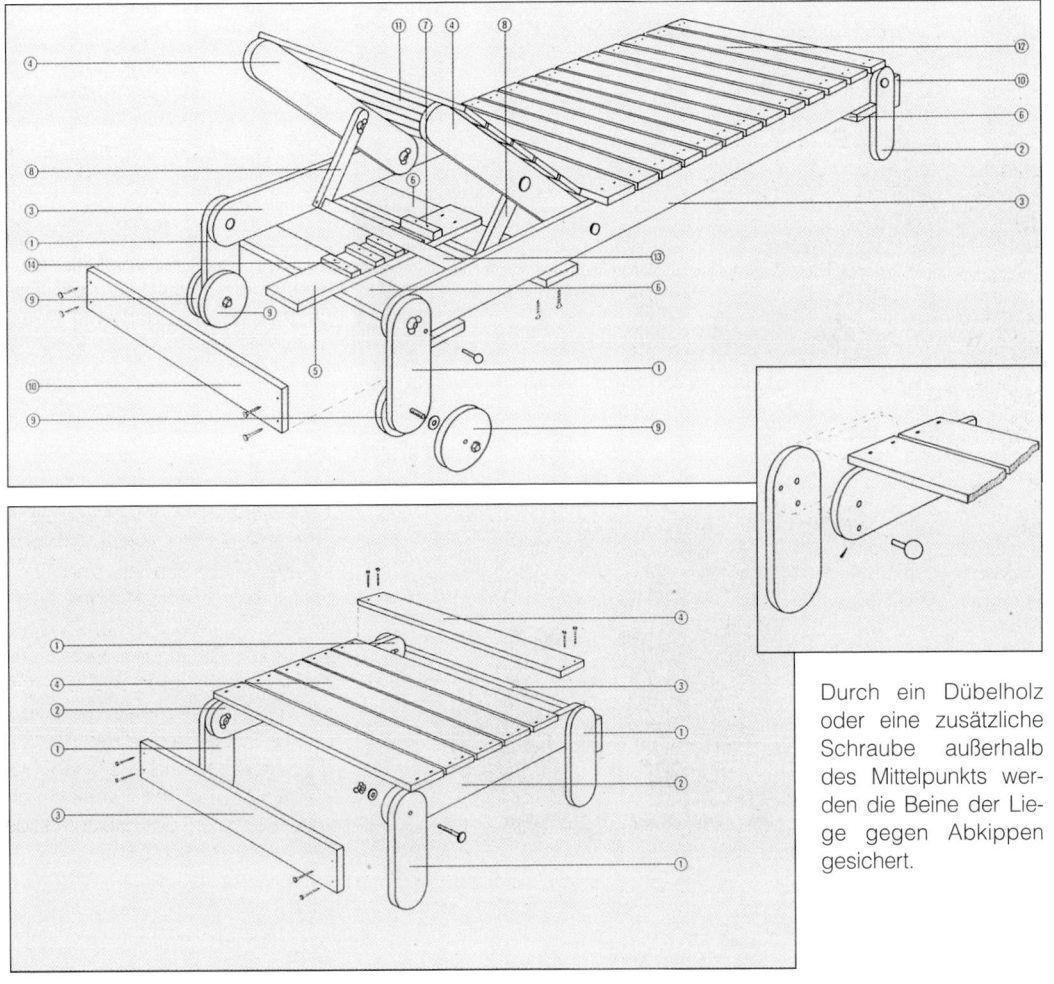

Durch ein Dübelholz oder eine zusätzliche Schraube außerhalb des Mittelpunkts werden die Beine der Liege gegen Abkippen gesichert.

Richtfest schon nach einem Tag

Gesteckte Eckverbindungen sind charakteristisch für Blockbohlenhäuser

Werkzeug

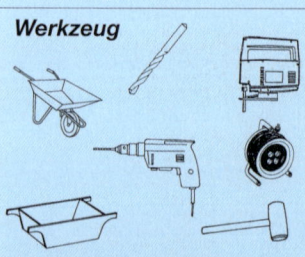

Schwierigkeitsgrad

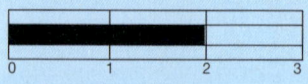

Kraftaufwand

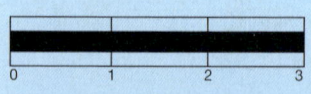

Arbeitszeit
Mit Hilfskraft müssen Sie einen Tag veranschlagen. Allerdings ohne Fundamente.

Ersparnis
Der Fachhändler würde für die Montage 300–400 € verlangen. Dazu für die Fundamente ca. 250 €

Die klassische Form des Holz-Gartenhauses ist sicherlich das dem typischen Blockhaus nachempfundene **Blockbohlenhaus**. Das markante an diesem Haustyp sind schon die **einzeln aufeinander gesetzten Rundstämme** oder die zusammengesteckten Bohlen mit ihren überstehenden Eckverbindungen. Die Wände sind absolut winddicht, denn besondere Dichtprofile sorgen für dichte Fugen in allen Bereichen. Beim **Aufbau** wird Stamm auf Stamm beziehungsweise Bohle auf Bohle geschichtet. Durch die **Einkerbungen in den Eckbereichen** erhält das Haus eine sehr gute Stabilität. An den von außen sichtbaren Kopfenden erkennen Sie auch sofort die Wanddicke der verwendeten Teile. Üblicherweise werden Blockbohlenhäuser in einer Wandstärke zwischen 28 und 35 mm angeboten. Bei größeren Häusern (Genehmigung!) werden dann oft schon 60 mm dicke Bohlen eingesetzt.

Stämme und Bohlen
Schon aus Gründen der Materialeinsparung werden heute kaum noch Rundstämme verwendet. Vereinzelt sind noch Stämme mit einem Durchmesser von 15 cm im Handel. Damit überhaupt dichte Fugen entstehen, sind diese an zwei Seiten maschinell abgeflacht. Zum überwiegenden Teil baut man die Blockhäuser aus Bohlen in verschiedenen Dicken.

Wird zum Schmuckstück eines jeden Wohngartens: ein Blockbohlenhaus

1

2

1 Dieses kleine Gartenhaus aus 3,5 cm dicken Blockbohlen hat eine Grundfläche von 7,6 m². Das leicht geneigte Dach ragt 75 cm weit über den Gartenhaus-Eingang hinaus.

2 Alle erforderlichen Teile werden beim Fachhändler bestellt und vom Werk mit dem Lastwagen bis ans Grundstück geliefert.
Bereits in der Versandeinheit sind die Bauteile zu mehreren Bündeln und Paketen zusammengefasst, sodass Sie sich beim Auspacken leicht orientieren können.
Der **Aufbau** beginnt: Sortieren Sie zunächst alle Teile des Bausatzes und legen Sie sie der (nummerierten) Reihenfolge nach auf den Boden. So haben Sie während der Montage immer alles griffbereit. Wird das Haus auf einer Wiese aufgebaut, sollten Sie vorher noch Lagerhölzer oder eine Plane auslegen, damit die Bohlen nicht schmutzig werden.

3 Der Sockelrahmen ist bereits zusammengesteckt. Im Gegensatz zu diesem Modellaufbau muss das **Fundament** natürlich vorher erstellt werden (s. dazu Grundkurs S. 53f.). Von den meisten Anbietern können Sie sich vorab einen Plan schicken lassen, der die genauen Angaben für das entsprechende Fundament enthält. Zwischen Sockelrahmen und Boden legen Sie eine Lage Dachpappe.

Auf den Sockelrahmen stecken Sie nun die ersten Blockbohlen bis zu einer Kranzhöhe von drei Lagen auf. Die überwiegende Anzahl der Wandelemente sind zwar gleich, doch beispielsweise im Türbereich gibt es Passstücke, die Sie griffbereit haben müssen. Gut ist es, wenn Sie die Teile bereits entsprechend vorsortiert haben.

Achten Sie von Anfang an darauf, dass die Bauteile immer rechtwinkelig zusammengesteckt werden, denn sonst verklemmen sich die Blockbohlen später sehr leicht.

Vom Anschluss an den Sockelrahmen einmal abgesehen – dort wird geschraubt –, verbindet man die Wandelemente nur durch Zusammenstecken. Die Blockbohlen werden mit der Feder nach oben aufgesetzt und mit einem Gummihammer in die passgenaue Eckverzahnung getrieben. Achtung: Nie mit dem Hammer direkt auf die Feder schlagen, sondern immer ein Schlagholz dazwischensetzen! Es

3

4

5

6

muss an der Unterseite genutet sein, damit es über die Feder passt. (Manche Hersteller empfehlen kleine Dichtungskissen mit in die Verzahnung einzusetzen, die den Bausätzen beiliegen.)

4 Wenn Sie die ersten der drei Lagen Blockbohlen zusammengesteckt haben, können Sie die **Tür** von oben her einschieben. Rahmen und Tür sind bereits eine vorgefertigte Einheit mit allen Beschlägen. Später müssen Sie lediglich noch die Klinken einstecken. Damit Rahmen und Tür nicht zur Seite kippen, sollten Sie von beiden Seiten eine Stütze schräg ansetzen und mit Schraubzwingen fixieren.

Nachdem die Tür in der noch recht niedrigen Wand steht, richten Sie die Lage des Hauses genau aus und überprüfen sie durch eine **Diagonalmessung**. Danach können Sie die Wände um einige Lagen weiter hochziehen, um sie zu stabilisieren. Anschließend geht es an den Einbau des Fußbodens. (Bei manchen Herstellern wird das Haus auf dem zuerst verlegten Fußboden aufgebaut!)

Hier legen Sie zunächst die Querbalken auf und unterstützen sie mit kleinen Sockeln. Zug um Zug sind jetzt die Bodenbretter an der Reihe. Diese Bretter haben ein Nut- und Federprofil, sodass die Bohlen mit Hammer und Schlagholz ineinandergetrieben werden müssen.

Der Hersteller gibt jeweils vor, ob der Belag schwimmend verlegt, angenagelt oder verschraubt werden muss. Nicht immer sind die Bodenbretter direkt ab Werk geschützt. Dann sollten Sie dies mit einem Schutzanstrich nachholen.

5 Oberhalb des neunten Elements wird es Zeit, die **Fenster** aufzusetzen. Auch dieses Element ist mit Rahmen und Sprossen vorgefertigt. Als Bauherr müssen Sie lediglich selbst für die Fensterscheiben sorgen, denn die werden nicht mitgeliefert. Für den Einbau geben die Hersteller spezielle Hinweise. Das beginnt mit der Bestimmung von Außen- und Innenseite des Fensters, nennt Punkte für die Verschraubung mit der Hauswand und endet schließlich, je nach Ausführung, mit dem Anbringen der Beschläge, falls nachträglich noch Fensterläden angesetzt werden sollen.

Wenn Sie nun seitlich weitere Bohlen einstecken, stabilisiert sich das Fenster in der Front. Sie können

7

8

den Rahmen auch erst einmal durch eine oder zwei Streben behelfsmäßig abstützen. Diese müssen Sie mit einer Schraubzwinge fixieren.

6 Die Blockbohlen sind an den Seiten bis zur obersten Lage aufgesteckt. Für den Dachüberstand vorne ragen sie entsprechend län-

ger vor. Über Tür und Fenster muss ein Spalt Luft bleiben, damit sich die Bohlen setzen können. Für das Einpassen der Giebel bereiten Sie die Dreiecke am Boden soweit vor, dass sie anschließend nur noch aufgesetzt werden müssen. Danach müssen Sie noch den bzw. die Mittelbalken in die vorgesehene Aussparung stecken.

7 Die Dachschalung wird mit den mitgelieferten Nägeln aufgenagelt. An der Vorderseite beginnend, nach hinten. Am Anfang ca. 1 cm Luft einhalten. Die Nutseite der Nut- und Federbretter zeigt immer nach vorne. Die stärkere Nutwange kennzeichnet die Sichtseite. Die letzten Bretter hinten müssen Sie eventuell in der Breite zuschneiden, damit ein gerader und sauberer Anschluss entsteht. Bevor Sie die Abschlussprofile montieren, müssen Sie noch den unteren Abschluss (Traufe) gerade schneiden.

8 Abschließend verfugen Sie die Stöße mit Silikon. Dadurch halten Sie Käfer, Insekten und Ungeziefer aus dem Inneren fern.

9–11 Ganz zum Schluss wird das Dach mit Schieferpappe (Dachpappe) eingedeckt, die in Bahnen verlegt wird, oder mit Bitumenschindeln, die als Elemente geliefert und aufgenagelt werden (Verlegehinweise beachten). Bitumenschindeln gibt es im Handel in verschiedenen Farben und Formen.
Wichtig: Beginnen Sie mit dem Dachdecken immer an der unteren Traufkante. Die letzte Bahn legen Sie als Abschluss am besten mittig über den First.

9

10

11

Wohngärten mit Holz kreativ gestalten
Gartenhäuser, Lauben und Pavillons bauen

Weltbild

Band 2

Abbildungsverzeichnis

Arbeitsgemeinschaft Holz e.V., Füllenbachstr. 6, 40474 Düsseldorf, Tel.: 02 11/43 46 35-6: S. 137 (li.), 165

BBU Rheinische Bimsbaustoff-Union, Lindenstraße 3, 56575 Weißenthurm, Tel.: 0 26 37/50 66: S. 110 (u.)

Biohort Gartengeräte GmbH, Drautendorf 58, A-4174 Niederwaldkirchen, Tel.: 00 43/72 31/ 31 19-0: S. 134 (o., u.)

B + S Finnland Sauna, Industriestr. 15, 48249 Dülmen, Tel.: 0 25 94/30 16: S. 105

3 S Gartenhäuser, Maschmühlenweg 93, 37081 Göttingen: S. 130, 140

Gaidt Blockhaus GmbH, Dorstener Str. 464–468, 44809 Bochum-Hofstede, Tel:. 02 34/5 37 26-28: S. 102

Kalksandstein Information GmbH & Co. KG, Postfach 210160, 30401 Hannover, Tel.: 05 11/79 30 77: S. 110 (o.)

Lescha Maschinenfabrik GmbH & Co. KG, Ulmer Str. 249–255, 86156 Augsburg, Tel.: 08 21/ 24 95 01: S. 106, 120

Lugato Chemie Dr. Büchtemann GmbH & Co., Helbingstr. 60–62, 22047 Hamburg, Tel.: 0 40/6 94 07-0: S. 121

OSMO Ostermann & Scheiwe GmbH & Co. (Produkt OSMO Gard), Hafenweg 31, 48155 Münster, Tel.: 02 51/6 92-0: S. 104, 112 (1–2), 113, 114, 115, 131, 135, 136, 137 (re.), 138, 143, 144, 145, 154, 159, 169–175, 181

Quick Mix Gruppe GmbH & Co. KG, Mühleneschenweg 6, 49090 Osnabrück, Tel.: 05 41/6 01-01: S. 107

re-Natur GmbH, Begrünung, Postfach 60, 24601 Ruhwinkel, Tel.: 0 43 23/60 01: S. 141, 142 (o., u.), 182

Unipor-Ziegel Marketing GmbH, Aidenbachstr. 234, 81479 München, Tel.: 0 89/7 97 08-1: S. 109 (1, 2)

Ein Wort zuvor

Selbermachen – ein Hobby, das heute für Millionen zur sinnvollen Freizeitbeschäftigung geworden ist. Ob es sich nun um die gemietete Altbauwohnung oder um die eigenen vier Wände handelt, mit etwas Geschick und einer fachmännischen Anleitung lassen sich oft verblüffende Ergebnisse erzielen: bei kleineren Reparaturen, beim Renovieren und Verschönern und beim Um- und Ausbauen.
Und Selbermachen bringt Spaß. Freude an der eigenen Arbeit, deren Ergebnis man Tag für Tag sehen und »bewundern« kann; es spart Geld, mit dem sich langgehegte Wünsche erfüllen lassen, und es macht unabhängig von Handwerkern, auf die man womöglich wochenlang und schließlich vergeblich gewartet hat.
Fachgeschäfte, Heimwerker- und Baumärkte versorgen den Hobby-Handwerker mit allen Werkzeugen und Materialien, die er braucht. Doch richtiges Werkzeug und Begeisterung allein reichen nicht aus. Unerlässlich sind eine gründliche Vorbereitung und

Fachkenntnisse, wie eine Arbeit durchzuführen und was dabei zu beachten ist.
COMPACT PRAXIS **Selbst Gartenhäuser, Lauben und Pavillons bauen** zeigt, wie man's macht. Mit wertvollen Tips und Tricks, die sich in der Praxis tausendfach bewährt haben. Jeder Arbeitsgang wird ausführlich Schritt für Schritt gezeigt und in Bild und Text erläutert. Übersichtliche Symbole zeigen auf einen Blick, mit welchem Schwierigkeitsgrad, welchem Kraft- und Zeitaufwand Sie bei jedem Arbeitsgang rechnen müssen, welche Werkzeuge Sie brauchen und wieviel Geld Sie durch Ihre eigene Arbeit einsparen können.

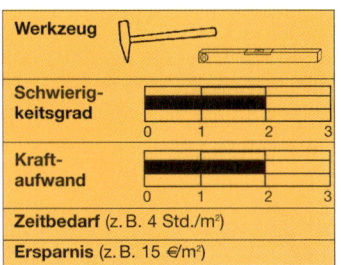

Und so stufen Sie sich richtig ein:

Schwierigkeitsgrad 1 – Arbeiten, die auch der Ungeübte ausführen kann. Es ist nur geringes handwerkliches Geschick erforderlich.

Schwierigkeitsgrad 2 – Arbeiten, die einige Übung im Umgang mit Werkzeug und Material erfordern. Es ist handwerklich durchschnittliches Geschick notwendig.

Schwierigkeitsgrad 3 – Arbeiten, die fachmännische Übung erfordern. Überdurchschnittliches Geschick ist erforderlich.

Kraftaufwand 1 – Leichte Arbeit, die jeder bequem erledigen kann.

Kraftaufwand 2 – Arbeiten, die eine gewisse körperliche Kraft voraussetzen.

Kraftaufwand 3 – Arbeiten für kräftige Heimwerker, die keine »Knochenarbeit« scheuen.

Was sagt die Bauordnung?

Auch für Gartenhäuser gilt die Bauvorschrift

regelrecht erdrückt würde. Die **Bauvorschrift** gilt auch für übermächtige Bäume oder dichte Hecken, die zu nah an der Grenze stehen.

Hat man die Absicht, ein Gartenhaus, einen Wintergarten oder sonstige bauliche Anlagen zu errichten, sollte man wissen, was bauliche Anlagen im Sinne des Gesetzes und der Bestimmungen überhaupt sind. Diese sind für den Laien nicht immer leicht zu verstehen und bedürfen genaueren Erklärungen. Dazu sollen hier einige Punkte aus der Bauordnung angeführt werden, die, von einigen Details abgesehen, in allen Bundesländern gleich sind.

Bauliche Anlagen sind mit dem Erdboden verbundene, aus Baustoffen oder Bauteilen hergestellte Anlagen. Eine Verbindung mit dem Erdboden besteht auch dann, wenn die Anlage durch eigene Schwere auf dem Erdboden ruht oder auf eigenen Bahnen begrenzt beweglich ist, oder wenn die Anlage nach ihrem Vewendungszweck dazu bestimmt ist, überwiegend ortsfest benutzt zu werden.

Innerhalb seiner Grundstücksgrenzen darf man noch lange nicht machen, was man gerne möchte. Wenn auch die **Baubehörden** kaum etwas unternehmen, weil sie von den inzwischen durchgeführten Baumaßnahmen gar nichts wissen, so sollte man doch über die wichtigsten Vorschriften informiert sein. Sie regeln das **nachbarschaftliche Miteinander** und sind weniger einengend, als sie auf den ersten Blick wirken. Schließlich regeln sie nicht nur die eigene Bebauung, sondern auch die des Nachbarn. Wer hätte es schon gern, wenn der eigene Garten von beiden Seiten von Mauern, Anbauten oder Gartenhäusern

Als bauliche Anlagen gelten auch Aufschüttungen, Abgrabungen sowie Stellplätze (ohne jeden Aufbau) für Kraftfahrzeuge. Gebäude sind selbstständig benutzte Anlagen, die überdacht sind, die von Menschen betreten werden können oder bestimmt sind, dem Schutz von Menschen, Tieren oder Sachen zu dienen. Aufenthaltsräume sind Gebäudeteile, die nicht nur zum vorübergehenden Aufenthalt von Menschen geeignet oder bestimmt sind. Dabei sind manche Bestimmungen so eigenartig formuliert, dass sie durchaus unterschiedlich ausgelegt werden können. Hinzu kommen noch Kommentare, Ergänzungen und Ausführungen, die von Ort zu Ort unterschiedlich ausfallen können.

Sicherheitstip
Bei speziellen Fragen kommt man ohne Fachmann, z.B einen Architekten oder Fachanwalt, ohnehin nicht aus. Zu beachten sind in diesem Zusammenhang auch die Bebauungspläne, die sogar innerhalb eines Ortsteils verschiedene Beschränkungen bezüglich der Bebauung aufweisen können.

Bis zu einem Rauminhalt von 30 m^3 können **Gartenhäuser** ohne Genehmigung gebaut werden. Das ist die Größe, bis zu der bauliche Anlagen – also nicht nur Gartenhäuser – ohne besondere Auflagen errichtet oder geändert werden können. Das sind schon ganz beachtliche Abmessungen, mit denen man etwas anfangen kann. Trotzdem gelten auch hier noch Vorschriften. Oftmals sind es Einschränkungen hinsichtlich der Form, z.B. dass Grenzabstände weiterhin eingehalten werden müssen.

Gartenhäuser und Pavillons, die den **Rauminhalt** von 30 m^3 nicht überschreiten, haben in der Regel eine Grundfläche von etwa 12 m^2, wenn die Raumhöhe 2,50 m beträgt. So ist sehr schnell der maximale Rauminhalt erreicht. Die **Grundfläche** von 12 m^2 resultiert meist aus einem Grundriss von 3 x 4 m. Misst der Boden bereits 3,5 x 3,5 m, geht dies zwangsläufig auf Kosten der Raumhöhe, wenn man die Grenzwerte für den Rauminhalt einhalten will.

Achten Sie daher beim Kauf auf diese Abmessungen. Viele Hersteller haben ihre Bausätze entsprechend der Bauauflagen konzipiert. Vielleicht benötigen Sie gar keinen großen, umschlossenen Raum, sondern es genügt Ihnen eher eine große, regensichere Überdachung. Nicht umsonst werden viele Häuser mit weit vorstehenden Dächern ausgestattet. Das gilt besonders für den Bereich vor dem Haus, wo in der Regel dann auch ein Sitzplatz angelegt werden soll. In Verbindung mit Pergolen lassen sich hier **überdachte Terrassen** schaffen, die durch geeignete Bepflanzung schnell einwachsen und so einen umschlossenen Raum bilden.

Beim **genehmigungsfreien Gartenhaus** ist nicht nur der Rauminhalt begrenzt. Hinzu kommt die Bestimmung, dass **keine Aufenthaltsräume** geschaffen werden dürfen. Darunter ist zu verstehen, dass solche Räume nicht permanent als Wohnraum genutzt werden sollen, damit keine kompletten Wohnungen entstehen.

Die **öffentlichen Bauämter** sind verpflichtet, dem Bauherrn alle erforderlichen **rechtlichen Auskünfte** über sein Bauvorhaben zu erteilen. Ratsuchende brauchen dafür selbstverständlich keine Gebühren zu bezahlen.

Profitip

Das Ergebnis eines solchen Beratungsgesprächs hängt weitgehend davon ab, welche Unterlagen man vorlegt, aufgrund derer sich der Sachbearbeiter ein Bild von der Situation machen kann.

Hierbei ist er auf alle denkbaren Informationen angewiesen. Wichtig ist der **Lageplan**. Anhand der dort vermerkten Zahlen wird der amtliche Bebauungsplan eingesehen. Er ist meist auf aktuellem Stand. Außerdem findet man im Plan Vermerke, was im einzelnen erlaubt ist.

In den Lageplan zeichnet man die Umrisse des Bauvorhabens ein. Noch besser ist ein Bauplan des Hauses, der in einem genügend großen Maßstab gezeichnet ist.

Zeichnungen des geplanten Gartenhauses geben genaue Auskünfte über alle wissenswerten Abmessungen. Dies sind Hilfsmittel, um Wünsche und Vor-

Kleines, genehmigungsfreies Haus

Gartensauna

stellungen zu verdeutlichen. Über einzuhaltende Grenzabstände und sonstige Auflagen lässt man sich informieren.

Eventuell legen Sie gleich schon eine Einverständniserklärung des Nachbarn vor. Auch wenn Sie keine formelle Genehmigung brauchen, sollten Sie das Projekt bei Ihrer Baubehörde trotzdem zur Dokumentation melden.

Für größere Gartenhäuser sind **Bauanträge**, wie sie für ein Wohnhaus erstellt werden, erforderlich.

Profitip

Fast alle Firmen bieten für die von ihnen vertriebenen Haustypen als Serviceleistung Baubeschreibungen, Zeichnungen, eine Statik und weitere informative Arbeitsunterlagen an.

Die Kosten sind bereits in den Kaufpreis einkalkuliert. In allen Fällen muss man den Bauantrag mit allen erforderlichen Unterlagen entweder selbst oder durch einen Architekten einreichen.

Den **Kauf eines Bausatzes** sollte man daher von der Genehmigung abhängig machen. Eine entsprechende Klausel sollte in jedem Kaufvertrag stehen.

Beton und Mörtel

Beton und Mörtel bestehen aus **Zement** und **Zuschlagstoffen**, das sind Kies in verschiedenen Körnungen, Sand und Wasser.

Zement kaufen Sie am günstigsten im **Baustoffhandel**. Bau- und Handwerkermärkte bieten Fertigmischungen an, statt Kies und Sand einzeln ins Sortiment aufzunehmen. Zement wird für gewöhnlich in stabilen Papier-

Säcken mit einem Gewicht von 50 kg angeboten. Diese Menge kann gerade noch getragen werden. Fertigmischungen und Putze findet man auch in Gebinden ab 25 kg.

Beim Einkauf muss auch auf die **Festigkeitsklasse** des Zements geachtet werden. Sie lässt sich an den unterschiedlichen Farbaufdrucken leicht erkennen:

Z 25 Violett
Z 35 Hellbraun
Z 45 Hellgrün
Z 55 Rot

Hinzu kommen Zusatzbemerkungen wie »L« für langhärtend und »F« für frühhärtend. Für einfache Bauvorhaben wird meistens der Zement Z 35 F verwendet.

Sand und **Kies** sind leichter zu bekommen, wenn man gleich einige Kubikmeter bestellt. Selbst innerhalb eines Ortes können erhebliche Preisunterschiede vorkommen. Holen Sie deshalb mehrere Angebote ein. Wenn bei der Bestellung der Verwendungszweck angegeben wird, liefert der Baustoffhändler automatisch die **richtige Körnung** von Sand und Kies. Beim Einkauf von Zement und Zuschlagstoffen sollte man auch das **Schalholz** gleich mitliefern lassen. Gebrauchtes Schalholz hilft Kosten sparen.

Grundsätzlich soll nur **sauberes Wasser** zum Anmachen von Beton verwendet werden. Zum **Abbinden** brauchen Zement und Zuschlagstoffe nur wenig Wasser. Die Betongüte wird in meh-

Der Mörtel wird gemischt

Punktfundament für einen Pfahl

rere Stufen unterteilt; die Bezeichnungen beziehen sich auf die **Druckfestigkeit**. Für die hier geplanten Bauten ist der untere Bereich der Güteklassen ausreichend. Obwohl Beton schon nach einem Tag bearbeitet, d.h. auf ihm aufgemauert werden kann, erlangt er seine volle Festigkeit erst nach 28 Tagen. Je besser der frische Beton im Fundament verdichtet wird, desto fester ist er später auch. Entscheidend für die **Betongüte** ist immer das Mischungsverhältnis. Für Mörtel wird ein höherer Zementanteil benötigt als für Beton mit seinem hohen Anteil an Kies. Die **Mischungsverhältnisse** sind auf den Säcken meist angegeben.

Sand, Kies oder Betonmengen werden in Kubikmetern (cbm oder m^3) angegeben. Für ein Fundament von 5 m Länge/0,5 m Breite/0,8 m Tiefe werden genau 2 m^3 Beton benötigt. Da der Beton nach dem Stampfen verdichtet ist, wird mehr Trockenmasse verwendet (10 bis 20 %).

Profitip
Auch bei trockener Lagerung verliert Zement seine Bindefähigkeit, weshalb man immer nur die Menge einkaufen sollte, die auch verarbeitet werden kann.

Beton-Bedarfstabelle

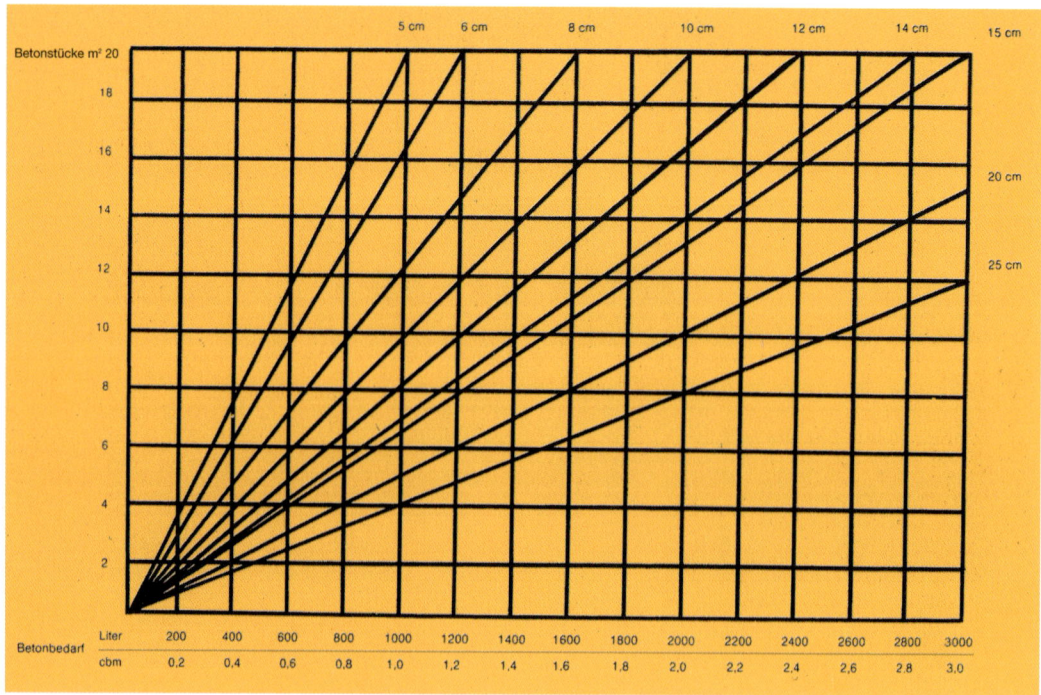

Am linken Tabellenrand wird das **Flächenmaß** der zu betonierenden Fläche abgelesen. Fahren Sie dann auf der entsprechenden Linie nach rechts, bis Sie auf die Verbindungslinie zwischen Nullpunkt und gewünschter Betonstärke treffen. Senkrecht unter diesem Schnittpunkt finden Sie die benötigte Betonmenge in Litern und Kubikmetern angegeben. Wenn Sie Flächen betonieren wollen, deren Maße entweder zwischen oder über den hier angegebenen Werten liegen, so rechnen Sie einfach die erforderliche Menge in Teilstücken aus. Bei nicht angegebenen Betonstärken verfahren Sie ebenso: addieren oder subtrahieren Sie die jeweiligen Teilbedarfsmengen. Sie können sich aber auch selbst eine Verbindungslinie nach Ihrem Bedarf einzeichnen.

Materialverbrauch und Arbeitszeit

Die beiden nachstehenden Tabellen nennen Ihnen den voraussichtlichen Materialverbrauch sowie die zu erwartende Arbeitszeit anhand des Beispiels von zwei häufig verwendeten Ziegelformaten.

Weitere Tabellen dieser Art erhalten Sie auf Anfrage bei Ihrem Baustoffhändler.

1

2

Wanddicke	11^5	17^5	24	30	36^5	[cm]
Format	GDF	9 DF	12 DF	10 DF	12 DF	[Dünnformat]
Maße Länge	365	372	372	247	247	[mm]
Breite	115	175	240	300	365	[mm]
Höhe	238	238	238	238	238	[mm]
Ziegel pro m²	11	11	11	16	16	[Stück]
Mörtel pro m²	8–11	13–15	18–22	28–32	30–36	[Liter]
Verarbeitungs-zeit pro m²	0,35–0,45	0,5–0,6	0,6–0,7	0,7–0,8	0,8–0,9	[Stunden]

Materialbedarf bei mörtelfreier Stoßfugenverzahnung (Abb. 1)

Wanddicke	11^5	14^5	17^5	24	30	36^5	49	[cm]
Format	6 DF	7,5 DF	7,5 DF	12 DF	10 DF	12 DF	16 DF	[Dünnformat]
Maße Länge	365	365	300	372	247	247	247	[mm]
Breite	115	145	175	240	300	365	490	[mm]
Höhe	238	238	238	238	238	238	238	[mm]
Ziegel pro m²	11	11	13	11	16	16	16	[Stück]
Mörtel pro m²	13–17	16–19	18–22	23–27	38–42	43–47	55–65	[Liter]
Verarbeitungs-zeit pro m²	0,45–0,50	0,55–0,60	0,60–0,65	0,75–0,80	0,95–1,05	1,10–1,30	1,10–1,20	[Stunden]

Materialbedarf bei vermörtelten Stoßfugen und Mörteltaschen (Abb. 2)

Verschiedene Steine

Tonziegel finden heute fast nur noch in veredelter Form bei dekorativem Mauerwerk Verwendung. Die Rohlinge werden bei etwa 1000 °C gebrannt, wodurch große Maßunterschiede entstehen können. Handelsüblich sind hier **Dünn- und Normalformat**.

Wärmedämmziegel: Der Unterschied zwischen dem oben beschriebenen **Vollziegel** und einem **Hochlochziegel** besteht vor allem in der erhöhten Wärmedämmung. Der Tonmasse werden vor dem Brennvorgang Stoffe zugefügt, die im Ofen ausbrennen und so millionenfache Poren entstehen lassen. Durch die eingeschlossene Luft wird die Wärmedämmung verbessert und das Gewicht des Ziegels verringert. Sie sind als groß- und kleinformatige Ziegel erhältlich.

Bimsbetonstein: Für die Herstellung wird Bims, ein Grundstoff vulkanischen Ursprungs, mit Zement und Wasser gemischt, geformt und an der Luft getrocknet. Die Luftkammern in den Hohlblocksteinen erhöhen die gute Wärmedämmeigenschaft von Bims und verringern wiederum das Gewicht.

Kalksandstein

Hohlblockstein aus Bimsbeton

Die Steine müssen nach dem Mauern verputzt werden, innen sollte zumindest ein Schutzanstrich erfolgen, da die poröse Oberfläche leicht ausbricht.

Blähtonstein: Er zählt wie der Bimsbetonstein zu den Leichtbetonsteinen. Beim Ausgangsmaterial handelt es sich um kleine, granulierte Tonkügelchen, die zusammen mit künstlichen Zusätzen bei 1200 °C gebrannt werden.
Durch dieses Verfahren entstehen feinporige, leichte Tonperlen, die anschließend mit Zement als Bindemittel in vielerlei Formate gepresst werden.

Kalksandstein: Dieser wird aus Kalk und aus kieselsäurehaltigen Zuschlägen unter Zugabe von Wasser hergestellt. Nach dem Formen härtet Heißdampf die Steine unter hohem Druck aus. Der Stein bleibt dadurch scharfkantig und maßgenau.
Kalksandstein ist in etwa 30 verschiedenen Formaten im Handel erhältlich. Er eignet sich für jede Art von Mauerwerk. Großformatige Steine erleichtern das schnelle Aufmauern größerer Bauvorhaben.

Steinart	Bedarf je m² für eine 24 cm dicke Wand	Gewicht in kg	Verarbeitungs- hinweis
Tonziegel	48 NF	ca. 150 kg	hoher Aufwand
Leichtziegel	32 2DF	ca. 90 kg	hoher Aufwand
Kalksandsteine	32 2DF	ca. 170 kg	mittlerer Aufwand
Bimsbetonsteine	8 Hbl	ca. 200 kg	mäßiger Aufwand
Blähtonsteine	8 Hbl	ca. 160 kg	mäßiger Aufwand
Holzspanbetonsteine	8 Steine	ca. 78 kg	ohne Aufwand
Porenbetonsteine	8 Blöcke	ca. 160 kg	geringer Aufwand

Hohlblockstein: Seine »Erfindung« beruht auf der Erfahrung, dass die Tragfähigkeit einer Wand meist nur zu einem Bruchteil in Anspruch genommen wird. Beim Großraumstein wird deshalb der Steinquerschnitt auf die erforderliche Festigkeit reduziert.

Der bekannteste Großformatstein dürfte der Hohlblockstein sein. Er wird aus Leichtbeton mit Bims als Zuschlagstoff hergestellt. Er gilt wegen seines Gewichts von bis zu 29 kg als »Zweihandstein«. Steine, die Sie auf Vorrat eingelagert haben, sollten Sie vor Nässe schützen.

Porenbetonstein: Die Grundstoffe sind zumeist Feinsande oder ähnlich feinkörnige Zuschlagstoffe, die mit Zement und Kalk als Bindemittel, gasbildenden Zusätzen und Wasser zu großporigen Steinen aufgeschäumt werden. Nachdem das Material abgebunden hat, schneidet man aus den riesigen Rohblöcken die unterschiedlichsten Kleinformate. Das Endprodukt ist ein Stein, der bis zu 70% seines Volumens aus Poren besteht. Dadurch ist das Material sehr leicht, hat hohe Dämmwerte und kann besonders gut verarbeitet werden, da sich der Werkstoff gut sägen lässt.
Die Steine werden »knirsch« verlegt, das Verbindungsmittel ist ein spezieller Baukleber, den man mit einer gezahnten Kelle genauso wie Fliesenkleber aufträgt.

Holz für den Außenbereich

Holz-Rankhilfe in Bogenform

Achteck-Pavillon aus Holz

Diese schönen Hölzer können durch eine umsichtige Oberflächenbehandlung noch erheblich aufgewertet werden. Holz nimmt Luftfeuchtigkeit auf, speichert sie und gibt sie bei trockener Luft wieder an seine Umgebung ab. Bei feuchter Witterung weiten sich die Zellen durch die Aufnahme von Feuchtigkeit und sie ziehen sich wieder zusammen, wenn das Holz trocknet. Dabei verändert sich die Form des Holzes – es arbeitet.

Wenn mehrere Holzteile miteinander verbunden sind, leidet das Werkstück, da sich nicht jedes Holzteil genau wie das andere verhält. Werfen, Verziehen und Rissebildung sind die Folgen, die aber nicht nur bei Holzverbindungen, sondern auch beim einzelnen Werkstück auftreten. Frisches Holz hat einen Feuchtig-keitsgehalt von etwa 60 %. Bis es zur Verarbeitung kommt, sollte die Feuchte durch Trocknung auf 15 bis 18 % zurückgegangen sein. Das Holz, das Sie beim Holzhändler oder im Baumarkt roh oder bereits als fertigen Bausatz kaufen, ist meistens schon auf dieses Niveau abgetrocknet.

Wenn das Holz feuchter ist, lässt es sich wesentlich schwerer verarbeiten; außerdem ist sein Gewicht durch das eingelagerte Wasser viel größer.

Die Farbe des Holzes ist abhängig von den eingelagerten Farb- und Gerbstoffen. Im Außenbereich müssen Sie mit der Zeit allerdings mit erheblichen Farbveränderungen rechnen. Zum einen ist ein Nachdunkeln völlig natürlich, zum anderen wirken sich Umwelteinflüsse stark auf das Aussehen des Holzes aus.

Auch die Maserung gibt Auskunft über den Zustand des Holzes. Feste, braungefärbte Äste stören gar nicht. Lärchenholz z. B. ist sehr reich an Ästen. Schwarz gefärbte oder locker sitzende Äste und Astlöcher sehen hingegen nicht gut aus. Wenn die Jahresringe sehr eng liegen, ist dies ein Zeichen dafür, dass der Baum nur langsam gewachsen ist. Sein Holz ist fest und arbeitet nicht so stark. Holz mit weit auseinanderliegenden Jahresringen ist sehr schnell gewachsen und hat ungünstigere Eigenschaften.

Die verschiedenen Holzarten haben ihre ganz eigenen Gerüche. Vorwiegend verdunsten hier die Harze. Stark riecht heimisches Kiefernholz, dagegen haben Tanne und Fichte weniger intensive Geruchsstoffe. Am Geruch lässt sich auch erkennen, ob das Holz gesund ist: muffig riechendes Holz sollte nicht gekauft werden.

Palisaden und Sichtschutz

Beständigkeit und Haltbarkeit des Holzes hängen neben einem sorgfältig aufgetragenen Holzschutz auch von der Verarbeitung ab. Holzbauwerke halten länger, wenn sie in einem trockenen Luftzug stehen. Standorte, an denen mit viel Feuchtigkeit zu rechnen ist, sollten gemieden oder aber gründlich trockengelegt werden. Holz wird von Feuchtigkeit auf Dauer zerstört. Deshalb darf man einen Holzpfosten auch nicht direkt ins Erdreich eingraben oder einbetonieren. Da das Erdreich immer etwas feucht ist, nimmt das Holz die umgebende Feuchtigkeit auf. Jeder noch so gut imprägnierte Holzpfosten wird an der Kontaktstelle irgendwann morsch.

Holzschutz im Außenbereich

Farbbehandelte Kiefer

Unbehandelte Rot-Zeder

Konstruktiver Holzschutz

Gleichgültig, welches heimische Holz Sie verwenden: wichtig ist, dass das Holz im Außenbereich vor Pilzen und tierischen Schädlingen geschützt wird. Kesseldruckimprägniertes Holz ist meist robust genug, um dieser Gefahr und den Witterungsschäden zu widerstehen.

Die Imprägnierung ist in der Regel wirkungsvoller als viele Anstriche, die kaum ins Holz eindringen können. Der werkseitige Schutz hält erst einmal einige Jahre, bevor er durch einen Schutzanstrich kosmetisch aufgefrischt werden muss. Neben konventionellen Holzschutzmitteln gibt es im Handel solche auf biologischer Grundlage.

Ökotip
Viel besser ist es, wenn alle Bauvorhaben so konstruiert und ausgeführt werden, dass Holzschutz überflüssig wird. Das Stichwort ist hier »konstruktiver Holzschutz«.

Auch wenn dafür zusätzliche Maßnahmen erforderlich sind, ist der Aufwand auch in Bezug auf die anfallenden Kosten im Vergleich zu den Preisen für Schutzanstriche unbedeutend.

Beispiel für konstruktiven Holzschutz: Freiliegende Kopfenden von Pfosten und Stützen werden mit schmalen Brettchen abgedeckt, sodass Wasser von diesem Bereich weggeleitet wird und kaum noch in diese empfindlichen Flächen eindringen und das Holz zerstören kann.
Bei Zaunanlagen aus senkrecht angeordneten Brettern wird als

oberer Abschluss eine ausgefräste Leiste befestigt, damit kein
Niederschlag mehr ungehindert
in die besonders gefährdeten
Stirnleisten eindringen kann.

Von einem Anstrich wird meistens auch ein Auffrischen der
Farbe erwartet und es werden
deshalb nicht selten Öle, Fette
und Farben in reichlichem Maß
aufgetragen. Das ist im Grunde
überflüssig, da die baulichen Anlagen mit einer Vielzahl von
Pflanzen in enger Verbindung
stehen und das Blattgrün domi-
nieren soll.

Es reicht sicher aus, wenn man
bei der Imprägnierung zwischen
Braun- und Grüntönen wählen
kann.

Lehnraum aus farbbehandeltem Holz

Stellt sich nach einiger Zeit eine
natürliche Vergrauung ein, zeigt
es doch, dass man der Natur
den Vortritt lässt.

Wenn besondere Farbeffekte er-
zielt werden sollen, bietet sich jedoch ein Anstrich mit deckender
Farbe an. Was die **Holzveredelung** betrifft, können Mittel ohne
giftige Substanzen vorteilhaft eingesetzt werden.

Ihre Hauptbestandteile sind Buchenholzextrakte, Borsalze, auf
pflanzlicher Basis aufgebaute
Grundieröle, Kräuterextrakte,
lichtechte Erd- und Mine-
ralpigmente.

Wegen der zahlreichen um-
weltbelastenden Substanzen, die
auch eingetrocknet noch wirksam sind, gehören Farben, Lacke

und Reinigungsmittel nicht in den
Hausmüll, sondern müssen als
Sondermüll entsorgt werden.

Ökotip
Heute finden Sie fast in jeder
Stadt entsprechende Sammelstellen, an denen Sie diese gif-
tigen Substanzen kostenlos ab-
geben können.

Die wichtigsten Werkzeuge

Auf diesen beiden Seiten finden Sie Kurzbeschreibungen der wichtigsten Werkzeuge, die Sie benötigen, um selbst Gartenhäuser, Lauben und Pavillons komplett zu bauen oder als Bausatz zu errichten. Welche Werkzeuge Sie für einzelne Arbeitsabläufe brauchen, ersehen Sie aus den Abbildungen unter der Rubrik »Werkzeug«, die Sie bei allen Arbeitsabläufen finden.

Werkzeuge zum Messen und Richten

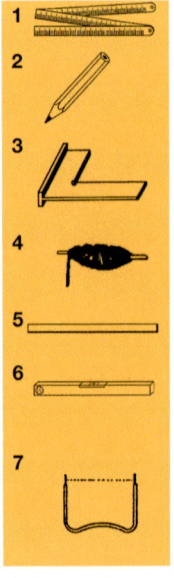

1 **Meterstab:** Zum Messen, wenn exakte Angaben nötig sind.
2 **Bleistift:** Für feine Markierungen braucht man den spitzen, sonst den dicken ovalen Zimmermannsstift.
3 **Anschlagwinkel:** Er wird in verschiedenen Größen gebraucht. Damit lässt sich der rechte Winkel übertragen.
4 **Richtschnur:** Zum Ausrichten der Fundamente, Mauern, Stützen oder Dachbalken.
5 **Richtlatte:** Zum Feststellen und Ausrichten ebener Flächen.
6 **Wasserwaage:** Ein wichtiges Hilfsgerät für alle Bereiche Ihres Handwerks. Zur Feststellung senkrechter und waagrechter Flächen.
7 **Schlauchwaage:** Zur Feststellung der waagrechten Ebene bei weit auseinanderliegenden Punkten. Dazu wird eine Hilfskraft benötigt.

Werkzeuge für das Erdreich, die Beton- und Mörtelherstellung

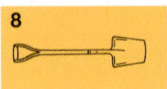

8 **Spaten:** Er wird überall gebraucht, z. B. für Fundamente und Leitungsgräben, Abtragungen oder Aufschüttungen.

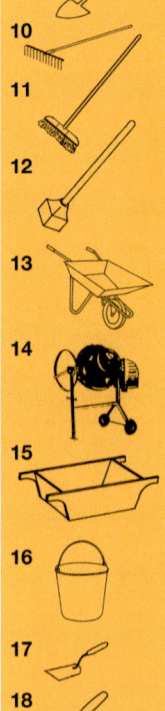

9 **Schaufel:** Zum Verteilen des Erdreichs, zum Mischen und Einfüllen des Betons.
10 **Harke:** Damit werden Flächen eingeebnet und geglättet, sowie Zement und Sand verteilt.
11 **Besen:** Für die Baustellenreinigung. Hier eignet sich ein grober Straßenbesen am besten.
12 **Stampfer:** Mit einem einfachen Holzstampfer wird der Beton im Fundament verdichtet. Ansonsten wird er zur Verfestigung des Erdreichs gebraucht.
13 **Schubkarre:** Man braucht sie für alle Bau-, Transport- und Gartenarbeiten.
14 **Betonmischer:** Damit wird die Herstellung aller Beton- und Mörtelmischungen ganz wesentlich erleichtert.
15 **Mörtelwanne:** Wenn der Mörtel nicht gleich in der Schubkarre angemacht wird, leistet dieser Behälter aus Kunststoff gute Dienste.
16 **Wassereimer:** Für die Baustelle wird eine stabile Ausführung empfohlen, damit der Henkel nicht so leicht abreißt.
17 **Maurerkelle:** Zum Verteilen und Glätten des Mörtels.
18 **Fugeisen:** Zum Glattstreichen und Ausfugen auch tiefer liegender Fugen im Sichtmauerwerk.
19 **Maurerhammer:** Mit seiner breiten Schnittfläche lassen sich Steine gut zerteilen.
20 **Rüttelplatte:** Eine gute Hilfe bei der Bodenverdichtung und der Plattierung der Flächen.

Werkzeuge für die Holzbearbeitung

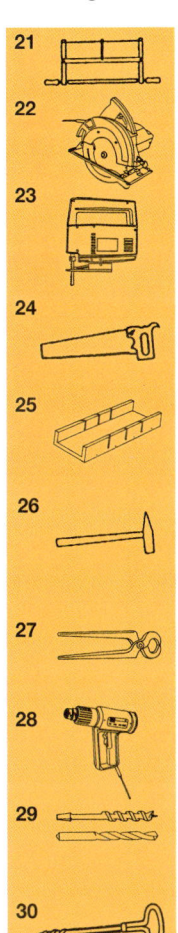

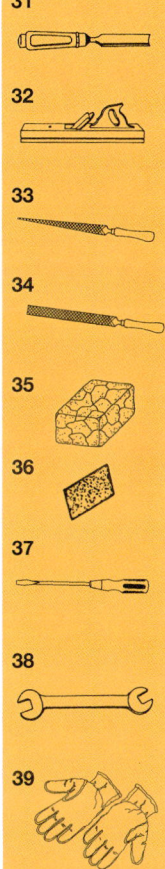

21 Handsäge: Zum Zerschneiden größerer und dickerer Hölzer.

22 Motorkreissäge: Für alle Schnitte, aber besonders zum Zerschneiden von Platten.

23 Motorstichsäge: Rundungen und Verzierungen könnten ohne dieses Gerät kaum ausgeführt werden.

24 Fuchsschwanz: Er wird in verschiedenen Größen und Zahnungen angeboten und gebraucht.

25 Gehrungslade: Ein wertvolles Hilfsgerät, um exakte Winkel schneiden zu können.

26 Schreinerhammer: Fast jeder Handwerkszweig hat seinen speziellen Hammer. Mit dieser Form kann der Schreiner am besten arbeiten.

27 Kneifzange: Damit zieht man Nägel heraus und kneift Drähte ab.

28 Bohrmaschine: Sie ist heute fast unentbehrlich, ganz gleich, wo sie auch eingesetzt wird.

29 Bohrer: Für jedes Material bekommt man den speziellen Bohrer. Für die üblichen Arbeiten sind sie recht preiswert erhältlich.

30 Handbohrer: Zum Vorbohren kleiner Schraubenlöcher.

31 Stecheisen: In verschiedenen Breiten eignen sie sich besonders zum Ausstemmen von Zapfenlöchern.

32 Hobel: Wird bei Außenarbeiten nur noch selten gebraucht. Eignet sich bei Längsholz zur Kantenbearbeitung.

33 Raspel: Wenn Rundungen gefragt sind, ist dieses Gerät für die grobe Vorarbeit genau richtig.

34 Feile: Damit werden an den Rundungen die feinen und abschließenden Arbeiten ausgeführt.

35 Schleifklotz: Er hält das Schleifpapier. Nur so bekommt man eine ebene Fläche.

36 Schleifpapier: Es ist in vielen Körnungen zu bekommen.

37 Schraubendreher: Für die unterschiedlichen Schraubengrößen sollte man immer ein Werkzeug mit der passenden Klinge verwenden.

38 Schraubenschlüssel: Neben dem gewöhnlichen Maulschlüssel können Sie mit Ring- oder Steckschlüssel größere Drehmomente erzielen.

39 Arbeitshandschuhe: Bei allen groben und schmutzigen Arbeiten ein wirksamer Schutz für die Hände.

40 Pinsel: Für die verschiedenen Arbeiten und Materialien gibt es eine Reihe unterschiedlicher Ausführungen.

Kabel und Wasserleitungen verlegen

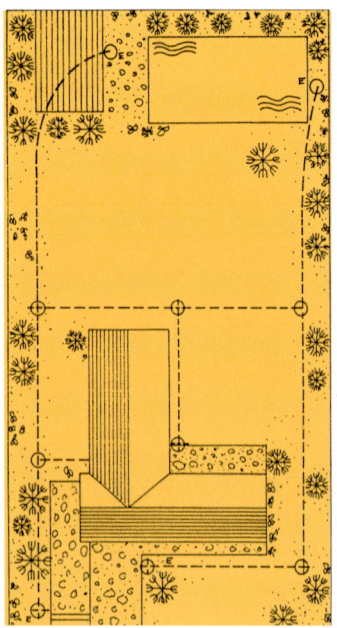

Verlegeplan

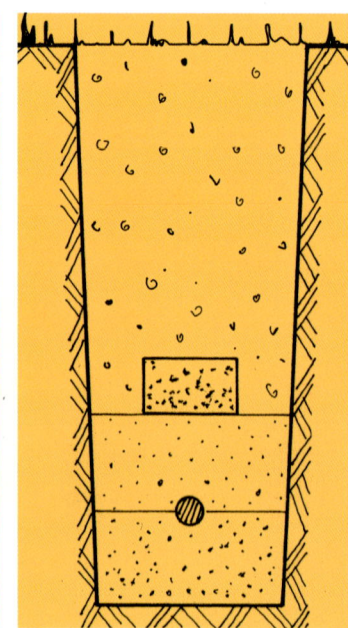

Schachtquerschnitt

später Zeit wichtige Unterlagen zur Hand.

220-Volt-Netzanschluss: Da nicht nur im Wohn- und Gartenhaus, sondern auch im Außenbereich häufig Elektrogeräte gebraucht werden, sollte man an geeigneten Stellen Steckdosen anbringen.

Sicherheitstip

Bei der Auswahl der Kabel und bei der Verlegung ist nach den geltenden Bestimmungen zu verfahren. Ziehen Sie auf jeden Fall einen Fachmann für diese Arbeiten zurate.

Handelsübliche Kabel und Leitungsverbindungen dürfen nicht einfach in die feuchte Erde gelegt werden.

Ebenso wie die äußere Gestalt der Gebäude muss auch ihre Versorgung mit Wasser einschließlich der Entsorgung und auch die Heranführung von elektrischer Energie überlegt werden.

Legen Sie auf Ihrem Plan genau fest, wo überall Wasser benötigt wird, wo ein Abfluss vorhanden sein muss, wo ein Anschluss für 220 Volt sinnvoll ist und welches die günstigsten Streckenführungen sind.

Dieser Plan, farbig angelegt, sollte dann auf jeden Fall bei den Bauakten aufbewahrt werden. Ein paar Fotos von den Verlegearbeiten dazu – und Sie haben für eventuell notwendige Reparatur- oder Änderungsarbeiten in

Die **nebenstehende Skizze** zeigt Ihnen den Querschnitt eines Grabens wie er zur Verlegung von Leitungen ausgehoben und verfüllt werden muss. Anstelle der Steinabdeckung kann man auch ein buntes Trassenwarnband einlegen.

Zweckmäßig sind **Wasseranschlüsse** in unmittelbarer Nähe

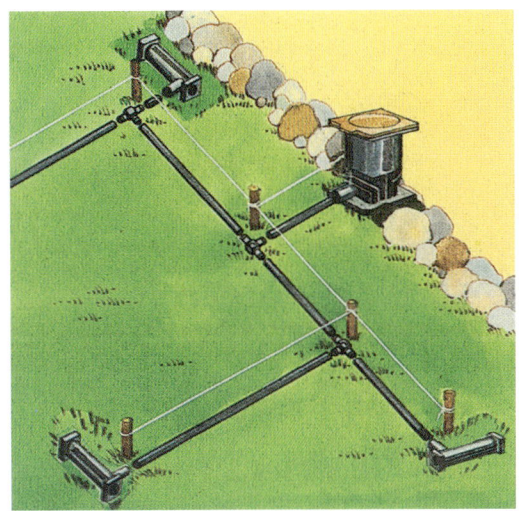

1

2

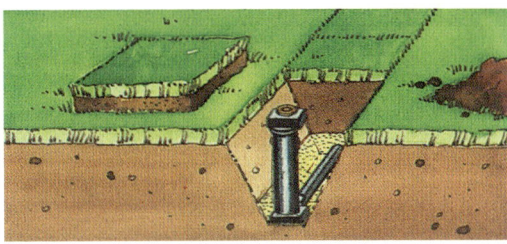

3

von Terrasse, Garage, Gewächs- oder Gartenhaus. Im Zweifelsfall ist darüber hinaus auch eine Zapfstelle mitten im Garten zu empfehlen.

Verwenden Sie hierfür **spezielle Kunststoffsysteme**. Die Kunststoffleitungen werden ausgelegt, mit den gewünschten Verbindern zusammengesteckt und eingegraben. Da das Leitungsnetz im Winter leicht zu entleeren ist, kann ihm auch Frost nichts anhaben.

Das System kann sowohl unter als auch über der Erde verlegt werden. Da keine tiefen Gräben gezogen werden müssen, lässt sich ein solches System jederzeit auch in einem schon fertigen Garten installieren.

Verlegung

1 Nach Maßgabe des Plans werden die Leitungen inklusive der Anschlüsse auf dem Boden ausgelegt. Bereits jetzt sollen nach Möglichkeit alle Verbindungen hergestellt sein.

2 Danach hebt man die Gräben aus, legt die Leitungen ein und überprüft die Anlage auf Funktionstüchtigkeit.

3 Erst dann werden die Gräben wieder zugeschüttet und die ursprüngliche Oberfläche wieder hergestellt.

Denkbar einfach lässt sich der Schlauch an die unterirdische Pipeline anschließen. Der Schnitt verdeutlicht die Lage der Steckdose.

Beton und Mörtel mischen

1 Für eine Baustelle dieser Größenordnung sollte ein **Mörtelmischer** zur Verfügung stehen, angetrieben mit Benzin- oder Elektromotor.

Der Mischer ist fahrbar und lässt sich dorthin transportieren, wo er gerade gebraucht wird. Einen kleinen Mischer kann man sich bestimmt in der Nachbarschaft oder bei einem Bauunternehmer ausleihen. Außerdem gibt es immer mehr Spezialfirmen, die alle Geräte und Werkzeuge für den Heimwerker bereithalten und verleihen (siehe im Branchenfernsprechbuch unter »Verleihgeschäfte«).

2 Fertigmischungen dürfen nicht verwechselt werden mit dem Fertig- oder Transportbeton, der mit Großfahrzeugen angeliefert wird. Baumärkte bieten fertige Trockenmischungen in handlichen Gebinden an: Beton, Maurermörtel etc., die der Laie denkbar einfach anwenden kann. Es wird nur noch Wasser zugegeben und der Mörtel kann verarbeitet werden.

Den Beton kann man praktisch in der Baugrube anmachen. Genaue Anleitungen auf den Säcken oder Eimern bzw. gesonderte Anleitungen erleichtern die Herstellung. Man hat keine Last mehr mit den übrig gebliebenen Resten und den Aufräumarbeiten.

Andererseits kosten die Fertigmischungen einen spürbaren Aufpreis. Bei größerem Mengenbedarf sind Fertigmischungen unrentabel und es bleibt nur die Hand- oder Maschinenmischung.

3 Kleine Mengen Beton für ein Fundament oder Mörtel für ein Mäuerchen können mit der Hand in einer Mörtelwanne oder Schubkarre gemischt werden. Größere Mengen mischt man auf dem Rasen oder Erdboden. Decken Sie den Untergrund mit Schaltafeln, größeren Holzplatten oder Blechen ab. So gerät kein Erdreich in die Mischung. Würde man beim Mischen mit dem Spaten ins Erdreich stoßen und die Mischung durch Erde verunreinigen, bekäme man unweigerlich Einschlüsse in den Mörtel oder Beton.

Man schaufelt also Kies oder Sand in der gewünschten Menge auf die vorher eingerichtete Mischfläche und setzt anschließend den Zement zu. Für einen sehr festen und haltbaren Zementmörtel liegt das Mischungsverhältnis bei etwa 3 Teilen Sand oder Kies und 1 Teil Zement. Er bindet schnell ab, neigt jedoch leicht zur Bildung von Rissen. Er eignet sich in besonderem Maße für Fundamente, die hohen Belastungen ausgesetzt sind. Es wird mindestens zweimal umgeschaufelt, bevor man bei einem dritten Mischvorgang Wasser zugibt.
Eine gute Mischung erkennt man leicht an der gleichmäßigen Graufärbung. Die feuchte Mi-

schung ist schon erheblich schwerer zu verarbeiten. Geben Sie auf keinen Fall so viel Wasser zu, dass der Beton von der Schaufel läuft. Die Mischung für ein Fundament sollte etwa so feucht sein wie das angrenzende Erdreich. Geht es lediglich um einen Mauermörtel, ist **Kalkzementmörtel** besser, denn er ist geschmeidiger und bekommt nicht so leicht Risse. Er entsteht im Verhältnis 8 (Sand) : 2 (Kalkhydrat) : 1 (Zement).

Alternativ kann man sich bei größeren Mengen **Transportbeton** anliefern lassen. Wenn das Fahrzeug jedoch nicht unmittelbar an die Baustelle heranfahren kann, müssen Sie Bohlen auslegen, auf denen die Schubkarren zum Transport des Betons gelenkt werden können.

Eine Betonpumpe kommt nur in den seltensten Fällen – bei großen Bauvorhaben – infrage. Bedenken Sie, dass die Pumpe auf dem LKW erst einmal einen Kubikmeter ansaugt, bevor der Füllrüssel den ersten Betonbrei ausspucken kann. Sie müssen also mehr Beton kalkulieren, als Sie eigentlich benötigen.

2

3

Fundamente herstellen

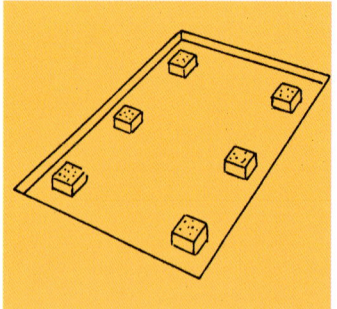

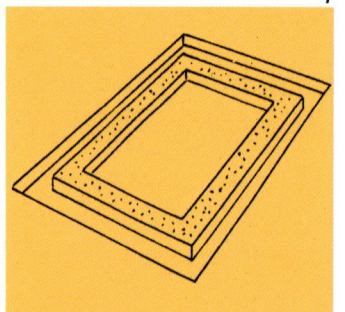

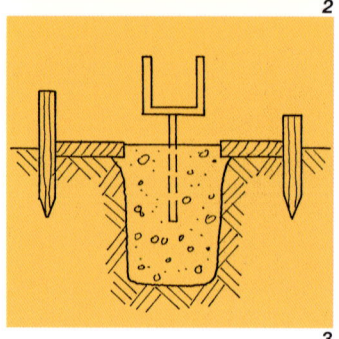

Für jedes Bauwerk im Garten braucht man einen festen Untergrund: Einzelpfosten und Stützen benötigen ein gegossenes Fundament.

1 Oft reichen schon **Punktfundamente** an den Ecken aus. Diese kleinen Sockel lassen sich sehr schnell herstellen. Die Schalarbeiten sind jedoch aufwendig. Streifenfundamente bilden einen sauberen seitlichen Abschluss.

2 Ein **Ringfundament** mit Asche- oder Kiesfüllung in der Mitte ist sicher eine solide Lösung. Eine durchgehende Betonplatte gießt man vor allem dann, wenn das Haus ohne Holzfußboden direkt auf dem Untergrund aufgebaut wird. Gegen Fußkälte ist dann eine Wärmedämmung nötig.

Die **Herstellung der Schalung** erfordert die meiste Zeit und Mühe. Bei einem festen, gewachsenen Boden kann man sich diese Arbeiten sparen. Hier braucht man nur für einen gleichmäßigen oberen Abschluss zu sorgen.

3 Für ein **Streifenfundament** werden zwei Bretter parallel ausgelegt und festgesetzt. Mit dem Meterstab legt man die genaue Höhe fest und richtet die Schalung mit der Wasserwaage aus.

Bei mehreren hintereinanderliegenden Punktfundamenten kann man eine gleiche Schalung wie beim Streifenfundament aufbauen. Doch füllt man den Zwischenraum nicht komplett mit Beton, sondern setzt dort, wo etwa ein quadratisches Punktfundament errichtet werden soll, kleine Bretter rechtwinklig dazwischen. Zur seitlichen Abstützung spitzt man kurze Dachlatten an und rammt sie außen, dicht neben die Schalung, in den Boden. Will man ein über den Erdboden erhabenes Fundament gießen, lassen sich auch Balken verwenden, die dann einfach auf das Erdreich gelegt werden. Wenn das Fundament kaum sichtbar sein soll, wird die Schalung in den Boden versenkt.

4 Ist der Boden sehr locker, müssen ein ausgehobener Graben für ein Streifenfundament oder ein kleiner Schacht für ein Punktfundament seitlich wie ein Stollen verschalt werden, damit keine Erde nachrutschen kann. Legen Sie jetzt fest, wie weit das Fundament später aus dem Erdboden herausragen soll.

Wichtig ist, dass das Fundament tiefer als die Frostgrenze liegt (meist 80 cm unter Erdoberkante), da der Beton sonst nicht genügend verankert ist. Für die Seitenwände werden 50 cm breite Schaltafeln verwendet. Natürlich können es auch Bretter sein. Die Tafeln oder Bretter nagelt man an senkrechte Stützen, die man vorher an den Seiten in den Boden geschlagen hat. Dabei muss man mit der Richtschnur auf einen geraden Verlauf achten.

Beim **Streifenfundament** wird erst einmal eine Seite der Schalung komplett fertiggestellt, bevor man sich an den Bau der gegenüberliegenden Seite macht. Die Wände werden im oberen Bereich durch schräg angelegte Stützen festgesetzt, damit sich die Schalung durch das Gewicht des eingegossenen Betons nicht nach außen wölben kann. Die Schalbretter müssen Sie aber nicht nur von außen abstützen: Damit die Schalung nicht nach innen kippen kann, nagelt man als Abstandhalter kurze Dachlatten oben quer über die Schalbretter. Achten Sie besonders auf einen gleichmäßigen Abstand der Schalungen.

5 Bei hochstehenden **Punktfundamenten** müssen Sie alle vier Seiten einschalen. Die Arbeiten müssen aber nicht vor Ort, sondern können in der Werkstatt erledigt werden. Hat man die Schalung in Form einer offenen Kiste gezimmert, wird sie in das ausgehobene Loch gestellt, exakt ausgerichet und durch schräg angestellte Streben festgesetzt.

Sicherheitstip
Bauen Sie bei allen Verschalungen für Fundamente im Zweifel lieber eine Stütze mehr als eine zu wenig.

Der feuchte und durch Stampfen verdichtete Beton wird sehr schwer und drückt mangelhaft gesicherte Schalungen leicht auseinander. Wenn dies erst festgestellt wird, während Sie den Beton einfüllen, ist eine Reparatur kaum noch möglich.

6 Einen **Pfostenanker** müssen Sie nicht sofort bei der Betonierung einlassen. Man kann auch erst einmal einen Platzhalter in Form eines Hartschaumklotzes einlegen oder eine Flasche kopfüber in den weichen Beton

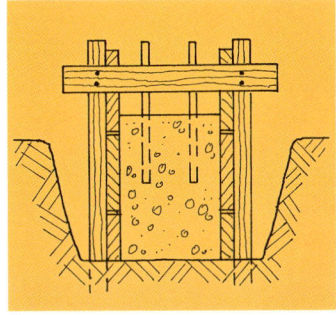
4

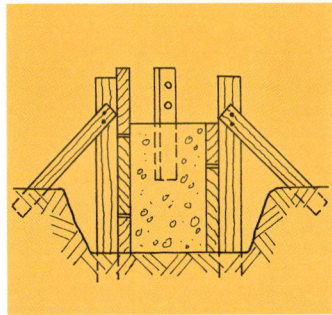
5

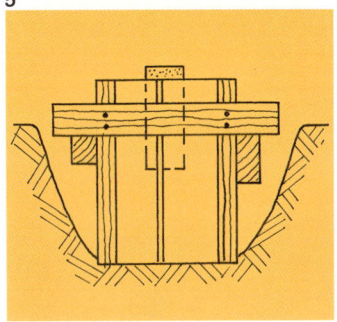
6

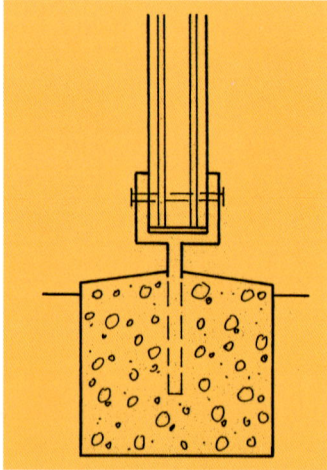

7

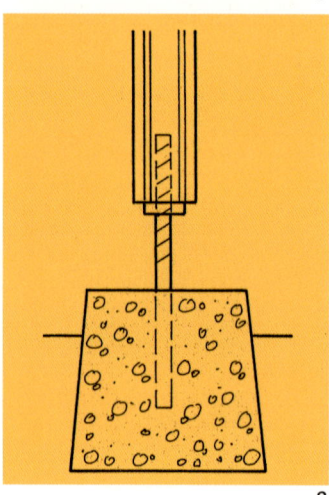

8

stecken, um sie noch während des Abbindens durch Drehbewegungen wieder herauszuziehen. Der Beton ist zu dieser Zeit zwar noch weich, doch er fällt nicht mehr zusammen. Den Hartschaumklotz kann man nach dem Abbinden herauskratzen.

Holzstützen sollen nicht in den Beton eingelassen werden. Sie stehen zwar fest, aber das Holz ist an der Stelle, wo es aus dem Boden herausragt, den Witterungseinflüssen stark ausgesetzt. Die einfachste Form des **Ankers** ist ein Winkeleisen. Mit zwei Schrauben wird es an den Pfosten geschraubt. Es ist leichter, erst die Anker einzubetonieren und auszurichten als die langen Pfosten mit angeschraubten Ankern. Kleine Unregelmäßigkeiten lassen sich beim Befestigen des Balkens ausgleichen.

Profitip
Zwischen Pfostenende und Betonfläche soll ein Abstand von mindestens 2 cm eingehalten werden.

Die Eisen sind vorher mit einem Rostschutzmittel zu behandeln. Anstelle des Winkeleisens kön-

nen auch zwei Flacheisen so eingelassen werden, dass sich der Pfosten dazwischen befestigen lässt. Man kann auch ein U-Eisen entsprechender Breite verwenden. Will man nachträglich Stützen auf einem Betonfundament befestigen, werden flache Metallwinkel aufgedübelt und die Pfosten zwischen diesen mit Schrauben befestigt. Natürlich muss auch hier auf den Zwischenraum zwischen Boden und Pfosten geachtet werden.

7 Eine elegante Lösung ist der **verzinkte Metallschuh**. Auch hier ruht der Pfosten nicht auf der Grundplatte. Ist die richtige Größe nicht erhältlich und fällt der Metallschuh kleiner aus, kann man etwas Holz abtragen und so den Balkenquerschnitt an den Schuh anpassen.

8 Praktisch ist auch der Anker, der sowohl ins Holz als auch in den Beton eingelassen wird. Mithilfe einer Stellschraube können Höhenkorrekturen vorgenommen werden. Im Sortiment der Hersteller finden Sie weitere Ankertypen, wie sie z. B. für die Befestigung der Pfosten an einer Hauswand verwendet werden.

So wird gemauert

Das Mauerwerk ist nur so stabil wie sein Unterbau. Deshalb muss auf ein in Format und Dicke ausreichendes **Fundament aufgemauert** werden. Eine waagrechte Fläche ist Voraussetzung für eine gerade Mauer. Um die Grundtechnik des Mauerns zu erlernen, soll hier eine einfache Arbeit besprochen werden, die Sie mit der nötigen Sorgfalt sicher gut ausführen können. Wer noch keinerlei Erfahrung mit dem Mauern gemacht hat, kann ja erst einmal zur Probe mit Mörtel und Steinen ans Werk gehen. Solange der Mörtel noch nicht abgebunden hat, können Sie das Versuchsmodell ohne Schwierigkeiten wieder abbauen, die Steine säubern und anschließend wieder verwenden.

1 Wenn Sie in Ihrer Laube eine massive **Sitzgelegenheit** aus Bahnschwellen oder anderen stabilen Brettern errichten wollen, sollten Sie die Sitzfläche auf zwei kleine **Aufmauerungen** aufdübeln. Die Mäuerchen können unterschiedlich viele Steinreihen aufweisen – um einen eventuellen Höhenunterschied auszugleichen – auf jeden Fall müssen sie sorgfältig in gerader horizontaler und vertikaler Linie aufgebaut werden. Aus Stabilitätsgründen müssen Sie bei den senkrecht verlaufenden Stoßfugen auf einen deutlichen Versatz achten. Richten Sie Ihr Augenmerk auf eine insgesamt einheitliche Fugenbreite.

Profitip
Wenn Sie den Steinbedarf für Ihr Mäuerchen kalkulieren, müssen Sie die Fugen mit einrechnen, um nicht zuviel Material einzukaufen.

2 Sie können anstelle der Ziegel auch unregelmäßig geformte Natursteine vermauern. In einem solchen Fall besteht der erste Arbeitsschritt darin, die Steine nach Größe und Form vorzusortieren, damit die Mauer später ein ruhiges Gesamtbild ergibt.

3 Voraussetzung ist auch hier ein stabiles Fundament, auf dem Sie die Steine aufmauern können. Machen Sie sich, bevor Sie ans Werk gehen, ein genaues Bild von Ihrem Bauwerk: Stimmen Sie es in seinen Maßen genau auf die verwendeten Steinformate ab bzw. umgekehrt.

Natürlich bleibt Ihnen immer noch so viel handwerkliche Freiheit, die Fugen in der Breite etwas zu variieren, um »Sondermaße« zu erreichen. Es ist jedoch auch hier auf den Versatz

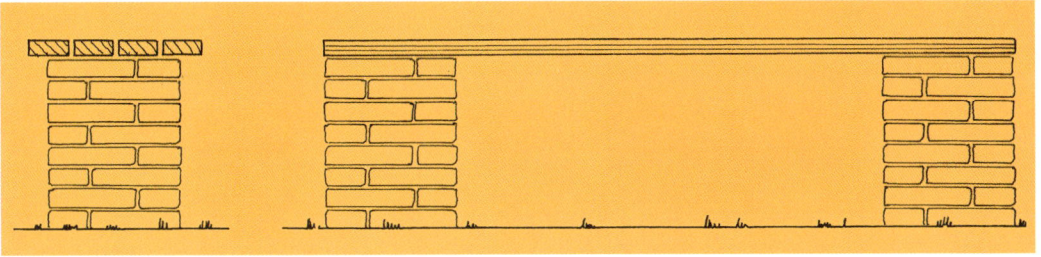

1

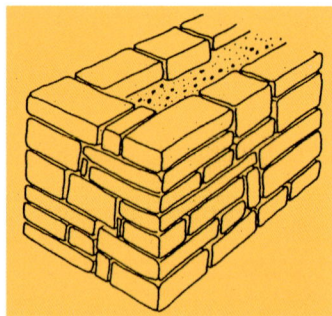

2

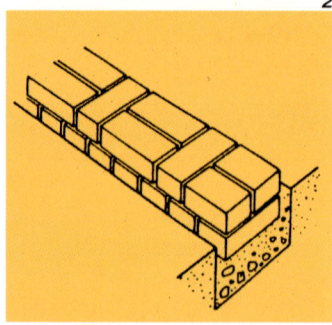

3

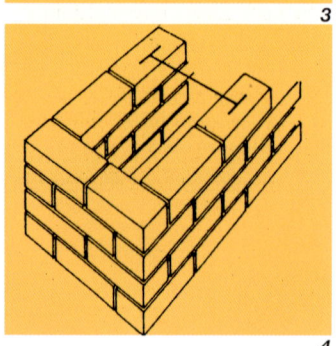

4

und ein gleichmäßiges Fugenbild zu achten. Rechnen Sie bei der Planung die Fugen mit ein. Bei einem frei stehenden Mäuerchen fallen keine Außenfugen an, die Sie bei einer Mauer zwischen zwei Pfeilern in Ihrer Planung mit einberechnen müssen.

4 Aufgemauerte Pflanztröge stehen auf offenem Untergrund: Das Fundament sollte nicht aus einer gegossenen Platte bestehen, sondern aus einem Streifen- oder Ringfundament, damit die eingefüllte Pflanzerde Kontakt zum gewachsenen Mutterboden bekommt. Die Pflanzen können im Laufe der Zeit ihr Wurzelwerk über das Volumen des Trogs hinaus ausbreiten. Errichtet wird ein **1/2-Stein-Mauerwerk** (vgl. Seite 128, Abb. 6), wobei insbesondere auf eine saubere Eckausbildung zu achten ist.

Damit das eingefüllte Erdreich den Trog nicht auseinanderdrückt, sollten die Mäuerchen nicht wesentlich höher als 1 m errichtet werden. Außerdem sind – wie auf der Zeichnung zu erkennen – zusätzlich verzinkte Anker in die Fugen eingelassen. Sie werden später mit Erde bedeckt.

Für alle Mauern bietet sich als oberer Abschluss eine Natursteinabdeckung an. Es kann aber auch eine sauber verfugte Ziegelreihe sein.

An den **Aufbau einer Säule** sollte man sich erst dann heranwagen, wenn man bereits mit Werkzeug und Material Erfahrung hat. Vorab müssen zwei Anschlagwinkel angebracht werden, an denen die Säule ausgerichtet wird. Alles muss vorher genau ausgemessen werden, bevor der erste Stein überhaupt auf das Fundament gesetzt wird. Natürlich bedarf es auch einer genauen Abstimmung der Maße mit den benachbarten Säulen. Hier tut eine Schlauchwasserwaage gute Dienste.

Neben den Formen und Farben der Steine spielen die **Fugen** hinsichtlich des späteren Erscheinungsbilds eine große Rolle. Sie können den Mörtel durch mineralische Beigaben farblich verändern, wenn Ihnen die üblichen hellen Töne nicht gefallen. Auch Ruß kann man verwenden. In den meisten Fällen wird beim Sichtmauerwerk in zwei Arbeitsgängen gemauert. Zunächst setzt man die Steine mit verhältnismäßig wenig Mörtel auf, sodass er keinesfalls aus den Fugen herausquillt. Erst danach geht es an das Verfüllen der Fugen. Will man die Steine mehr betonen, schließt der Fugenmörtel nicht bündig ab, sondern liegt etwas mehr zurück.

Stellt man die Fugenkelle beim Glattziehen der waagrechten Fugen leicht schräg an, kann das Regenwasser später leichter ablaufen, und es bleibt keine Staunässe zwischen den Steinen stehen. Bei einem flächenbetonten Sichtmauerwerk wird vollfugig aufgemauert.

5 Eine anspruchsvolle Arbeit ist es, eine Mauer aus unregelmäßig geformten Natursteinen auszufugen. Die geformten Steine sollen auf jeden Fall zurückverlegt ausgefugt werden.

Einige Fugen können bewusst als Hohlräume gelassen werden, um dort später Pflanzen einzusetzen. Bei einer Stützmauer in Hanglage können diese Hohlräume so groß sein, dass die Wurzeln der eingesetzten Pflanzen bis zum gewachsenen Erdreich gelangen können.

Die waagrecht verlaufenden Fugen werden als **Lagerfugen** und die senkrechten als **Stoßfugen** bezeichnet. Die Stoßfugen sind in aller Regel 10 mm breit, die Lagerfugen dagegen 12 mm. Bei dieser Berechnung greift man ausnahmsweise auf die Millimeterskala zurück. Im übrigen liegen die Toleranzen in größeren Bereichen, sodass Maßangaben beim Mauern durchweg in Zentimetern gemacht werden.

Alle gebräuchlichen Steinformate sind einschließlich einer 1 cm breiten Fuge auf ein 25-cm-Raster ausgerichtet. Ob nun vier Lagen eines handelsüblichen Ziegels oder stattdessen eine Lage Hohlblocksteine, man erhält die gleichen Endmaße.

Ein **Mauerwerksverband** besteht abwechselnd aus Läufern und Bindern. Die Läufer werden in Richtung der Mauer verarbeitet, die Binder sind dagegen in der Querrichtung gesetzt. Dies gilt auch für eine Rollschicht, die gern als obere Mauerabdeckung hergestellt wird. Die Steine liegen jedoch nicht flach, sondern werden auf die Seitenflächen gestellt.

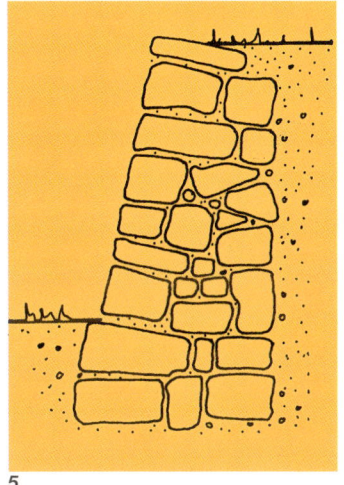

5

6 Eine **1/2-Stein-Mauer** ist 11,5 cm dick. Die erste Lage beginnt mit einem halben Stein. In der Zeichnung ist er durch ein X markiert. Einen halben Stein verlegt man natürlich nicht quer, sondern in Längsrichtung, damit die unregelmäßige Oberfläche der Bruchstelle durch den Mörtel verdeckt wird. Bei Eckverbindungen werden die Stoßfugen über Eck angelegt.

7 Die **1-Stein-Mauer** ist 24 cm dick. Dies entspricht zwei 11,5 cm breiten Steinen + 1 cm Fuge. Die

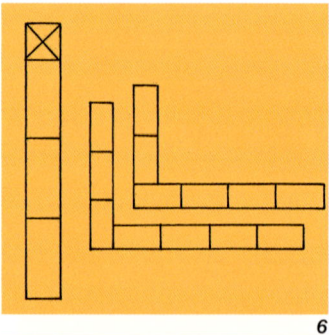

6

7

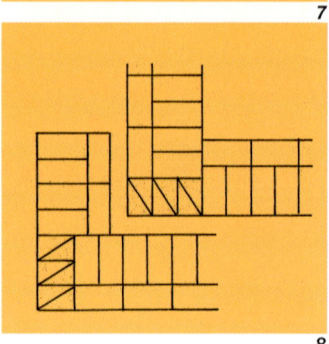

8

zweite Lage wird in diesem Fall mit zwei Dreiviertelsteinen begonnen. Diese Steine sind in der Zeichnung durch ein / gekennzeichnet. Bei einer Eckverbindung werden beide Lagen mit Dreiviertelsteinen begonnen.

8 Die **1 1/2-Stein-Mauer** besteht aus einem ganzen Stein, einer Fuge und einem daran gelegten halben Stein. Das Gesamtmaß beträgt genau 36,5 cm; dennoch spricht man von einem 36er Mauerwerk.

Ohne ordentliches **Werkzeug** kommt man auf keinen Fall aus. Für die Vorarbeiten benötigen Sie Meterstab, Bleistift, Richtlatte und Richtschnur sowie eine Wasserwaage. Die Maurerkelle kann dreieckig oder trapezförmig sein; welche Form Sie wählen, hängt allein davon ab, mit welcher Ausführung man besser umgehen kann. Die trapezförmige Maurerkelle kann später noch für viele Garten-, besonders aber Pflanzarbeiten, gebraucht werden. Der Maurerhammer dient vorwiegend dem Teilen und Zurichten der Steine. Er besitzt an einer Seite eine Schneide, mit der man durch einen oder mehrere Schlä-

ge einen Teil brechen kann. Zum Verfugen benötigt man ein Fugeisen in entsprechender Breite. Hinzu kommen noch ein Mörtelkübel, ein Wassereimer, eine Schaufel und ein Besen.

Wenn Sie nicht mit einer Mischmaschine arbeiten können, sei an dieser Stelle auf eine preiswerte Alternative hingewiesen. Mit einem Maschinenrührer, der als Vorsatz auf die Bohrmaschine (mindestens 400 Watt) gesteckt werden kann, lässt sich jede Menge Muskelkraft sparen.

Für den Erd- und Materialtransport wird meist auch eine Schubkarre benötigt. Wenn Sie über weichen Gartenboden fahren müssen, empfiehlt es sich, den Fahrweg mit einigen Bohlen abzudecken, damit sich das Rad nicht eindrücken kann. Wenn Rasen oder Mutterboden direkt an die Baustelle grenzen, sollten Sie den Boden ebenfalls durch eine Abdeckung schonen.

Sicherheitstip
Da der Zement und die groben Steine die Haut stark beanspruchen, ist das Tragen von Arbeitshandschuhen sinnvoll.

Der rechte Winkel

Einen rechten Winkel braucht man nicht nur bei größeren Bauvorhaben. Auch kleinere Bauwerke im Garten kommen nicht ohne ihn aus.

Viele Schwierigkeiten stellen sich erst im Laufe des Baufortschritts ein, wenn am Anfang nicht auf winkelgerechtes Arbeiten geachtet wurde.
Nachfolgende Bauteile wie Bodenplatten, Wandverkleidungen oder Einbaumöbel finden dann nur unter großer Anstrengung ihren zugedachten Platz. Wie will man ein rechtwinklig gefertigtes Fenster einbauen, wenn die Laibung nicht präzise gearbeitet wurde?

1 Oft sieht man an offenen Baugruben sogenannte Schnurgerüste. Sie sind genau rechtwinklig ausgerüstet. Wenn größere Fundamente angelegt werden sollen, ist dieses Hilfsmittel sicher ganz gut geeignet. Für ein kleines Gartenhaus ist dieser Aufwand allerdings nicht notwendig.

2 Nur drei Maße sind nötig, um einen rechten Winkel festzulegen.

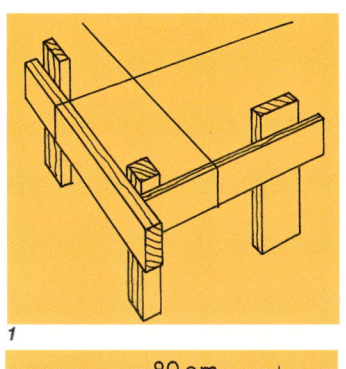

1

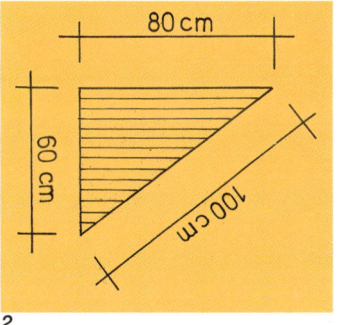

2

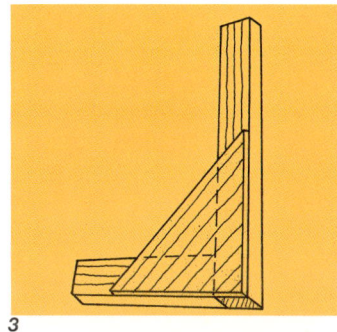

3

4

An einer bereits festliegenden Linie, es kann eine Hauswand oder der Grenzzaun sein, wird ein Eckpunkt markiert. Diese Linie kann aber auch beliebig im Garten festgelegt werden. In einem Abstand von 60 cm von diesem Eckpunkt wird ein zweiter markiert. Ebenfalls vom Punkt 1 aus wird eine zweite Linie in anderer

Richtung festgelegt. Hier setzt man in 80 cm Entfernung die 3. Markierung.

Zwischen den Endpunkten beider Schenkel muss ein Abstand von genau 100 cm bestehen. Das erreichen Sie durch Hin- und Herschieben der zweiten Linie. Baubreite und -länge werden nun

Alles im rechten Winkel gebaut

werden. Die Prüfung auf Maßhaltigkeit erfolgt an einer Platte mit einer geraden Kante. Der Winkel wird zuerst mit der rechten und dann mit der linken Anschlagseite gegen die Kante gedrückt und jeweils am langen Schenkel entlang wird mit dem Bleistift ein Strich gezogen. Beide Striche müssen genau übereinstimmen.

4 Den rechten Winkel, z.B bei einem Hausgrundriss, in einer Fensterlaibung oder für eine angrenzende Pergola überprüfen Sie durch Diagonalmessung. Sind die Diagonalen länger als 2 m, nimmt man zur Messung zwei angespitzte Latten, die man der gewünschten Länge entsprechend parallel verschiebt, bis sie von Eck zu Eck reichen.

eingemessen und von den Eckpunkten aus wiederum die rechten Winkel bestimmt. Das hört sich im ersten Moment verwirrend an, doch mit etwas Übung hat man dies schnell im Griff. Will man fachgerecht bauen, ist man auf diese Maße einfach angewiesen.

3 Im weiteren Verlauf der Bauarbeiten wird sicher häufig ein

rechter Winkel benötigt. Dafür fertigt man sich am besten einen Holzwinkel.
Er besteht aus zwei etwa 5 cm breiten gehobelten Brettstücken, die in der Ecke verschraubt werden. Eine übers Eck angebrachte Verstärkung sorgt für zusätzliche Stabilität. Selbstverständlich muss dieses Instrument ganz präzise gebaut

Hat man die Latten mit zwei Schraubzwingen fixiert, wechselt man den langen Stab diagonal in die anderen beiden Ecken. Die eingestellte Länge muss auch in der zweiten Diagonalen genau passen. Die Messung lässt sich natürlich auch mit einem Rollbandmaß bewerkstelligen, wenn eine zweite Person mithilft. Ohne Hilfe treten jedoch oft Messungenauigkeiten auf.

Häuser aus Holz und Beton

Das Angebot an fertigen Häusern, Lauben und Pavillons ist groß, und häufig kann man schon zu einem günstigen Preis ein komplettes Gartenhaus erwerben. Der Preis ist also sicherlich kein Argument, ein solches Bauwerk selbst zu erstellen. Entscheidet man sich für einen Bausatz, sollte man bei Preisvergleichen nicht nur nach dem optischen Eindruck und der Hausgröße entscheiden.

Profitip

Sehen Sie sich das gelieferte Baumaterial immer genau an. Denn es ist besonders ärgerlich, wenn Ihnen beim Aufbau ein kleiner, aber wichtiger Bestandteil zur Montage fehlt.

Ein Gartenhaus aus Holz

Wichtig sind Fragen zum gesamten Aufbau, zur Montage, den Wanddicken und Eckverbindungen und wie solide der Boden und das Dach ausgeführt sind. Kurz, man sollte sich das zukünftige Häuschen ganz genau ansehen. Offensichtlich schwache Hölzer für Grundkonstruktion und Verkleidung, eine schlechte oder nur mindere Holzqualität, schwache Beschläge einfacher Art, eine allzu simple Bauweise

oder fehlende Isolierungen sind erhebliche Qualitätsmängel, die berücksichtigt werden müssen.

Holzhäuser: Immer noch werden die meisten Gartenhäuser aus Holz hergestellt. Dieser Werkstoff strahlt Wärme und Behaglichkeit aus. Fast jeder Haus- und Gartenbesitzer kann mit Hammer und Säge umgehen und daher Ergänzungs- und Verschönerungs-

arbeiten an Bausätzen leicht ausführen. Was die Haltbarkeit angeht, so nimmt es das Holz mit jedem anderen Material auf. Die modernen Imprägnierungsverfahren verlängern die Lebensdauer des Holzes ganz wesentlich.

Blockbohlenhaus: Beim Aufbau von sogenannten Blockbohlenhäusern werden Bohle für Bohle oder Stamm für Stamm aufeinan-

Tafelbauweise

erhöht. Bei großen Stämmen fügt man zusätzlich Dichtstreifen ein. Auch die rustikal aussehenden Rundholzwände sind auf diese Weise abgedichtet.

Sehr schön und wuchtig sehen die Eckverbindungen aus. Die Bohlen oder Stämme werden kurz vor den Enden eingekerbt und ineinandergesteckt. Das Holz wird rundum Stück für Stück aufgeschichtet. Je nach Holz- oder Wanddicke kann diese Arbeit schwer und aufwendig sein.

Gartenhäuser, die aus **Betonfertigteilen** bestehen, unterscheiden sich vom Aufbau her kaum von den Fabrikaten aus Holz und können sich genauso gut in jeden Garten einfügen.

dergeschichtet. Man ist an keine feste Höhe gebunden, denn mit ein oder zwei zusätzlichen Bohlen erhöht sich der Raum entsprechend. Bei den üblichen Bausätzen wird allerdings ein festes Maß angenommen. Eine Nachbestellung oder Sonderwünsche sind dann immer etwas teurer. Die unterschiedlichen Wanddicken wirken sich erheblich auf den Endpreis aus. So werden schon 32 mm dicke Bretter oder Hölzer als Bohlen bezeichnet. Standardbohlenstärken sind dabei 40, 80 oder 90 mm.

Alternativ hierzu werden Blockbohlenhäuser in Rundstammweise angeboten. Die Stämme haben einen Durchmesser von 120 mm bis 145 mm, manchmal sogar 170 mm und mehr. Bei solchen Wanddicken kommt man auch in der kalten Jahreszeit ohne eine zusätzliche Isolierung aus. Die Fugen und Verbindungen sind dadurch, dass man hier glatte Kanten angehobelt hat, absolut wasserdicht. Durch Nut und Feder, manchmal sogar in einer doppelten Ausführung, wird zusätzlich die Winddichte

Die einzelnen Teile sind in Gewicht und Größe so bemessen, dass es ohne Weiteres möglich ist, zusammen mit einem Helfer das Bauwerk aufzustellen. Bei diesen Haustypen bestehen die Wände aus senkrechten Stützen und Wandelementen, die mit diesen Stützen verbunden werden. Die Konstruktion ist gut durchdacht, und es lassen sich problemlos unterschiedliche Bauformen herstellen. Erst beim zweiten Hinsehen stellt man fest, dass ein solches Haus aus Einzelteilen besteht.

In Bezug auf die **Innenausstattung**, einschließlich der Türen, Fenster oder Wandverkleidungen, gibt es keine festen Vorgaben. Wie überall kann man trotz der Serienfertigung seine persönliche Note ins Spiel bringen. Das gilt ebenso für Wände und Pergolen, die zum möglichen Lieferumfang gehören und aus denen sich Freisitze herstellen lassen. Die Fertighäuser werden in vielen Größen und Ausführungen angeboten. Zum Lieferumfang gehören immer detaillierte Baubeschreibungen und Montageanleitungen.

Element- und Tafelbauweise:
Im Montagebau von Holz- und Metallhäusern überschneiden sich diese Begriffe. Eine Seite oder Seitenwand kann aus mehreren Einzelteilen (Elementbauweise) oder aus einem kompletten Wandelement mit oder ohne Öffnungen bestehen (Tafelbauweise). Bei der Elementbauweise hat man es mit Tür-, Fenster- oder Wandelementen zu tun. Ein komplettes Wandelement ist größer und

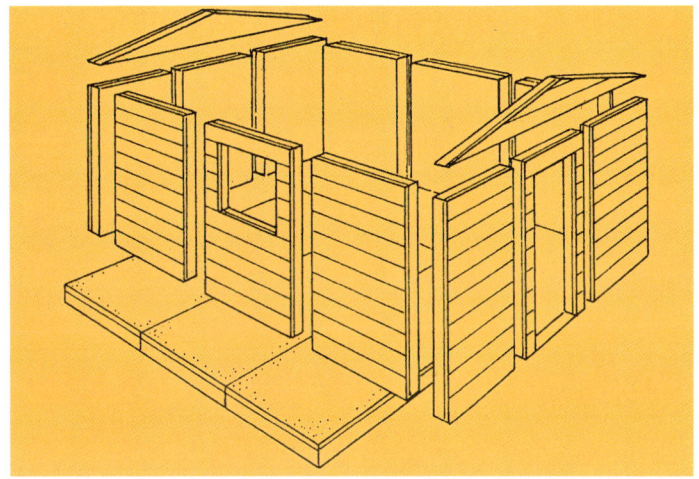

Elementbauweise

schwerer, lässt dafür aber auch ein Haus schneller wachsen. Einzelelemente lassen sich leichter transportieren, müssen dann aber auch erst zu einer Wand zusammenmontiert werden.

Die Zeichnungen zeigen den Unterschied zwischen den Bauweisen recht deutlich. Die Elemente lassen sich untereinander auswechseln. Ein Fenster- oder Türelement ist, wegen des aufwendigeren Herstellungsprozesses, teurer als ein glattes Wandelement.

Kern der **Baukastensysteme** sind einzelne Bauteile, die zu möglichst vielen verschiedenen Grundformen zusammengesetzt werden können. Es gibt ein Grundmodell, welches durch verschiedene Anbauten, Ergänzungen oder Dachformen verändert oder erweitert werden kann. Das Baukastensystem bringt neben der Kostenreduzierung noch weitere Vorteile. So lassen sich oft noch nach Jahren Zusatzteile anschaffen. Achten Sie beim Einkauf auf jeden Fall auf eine Nachkaufgarantie vom Hersteller.

Häuser und Pavillons aus Metall

Gartengerätehaus aus Metall

Metallhäuschen mit Holzverschalung

Für Gartengeräte und Fahrräder bieten sich kleine Häuschen aus Metall als solide Unterstellmöglichkeit an. Es gibt sie in vielen vorgefertigten Modellen. Die Größe reicht von 144 x 76 cm bei 178 cm Höhe bis hin zur quadratischen Innenfläche mit einer Seitenlänge von 281 cm und 190 cm Höhe (nutzbarer Innenraum). Dazu kommen Vordächer mit einer Fläche von 150 x 297 cm. Man kann die Metallkonstruktion auch mit Holz verkleiden.

Pavillons aus Metall wirken leicht und schwebend, da für die tragenden Elemente keine großen Materialquerschnitte erforderlich sind. Dazu kommen meist große, offene oder verglaste Fensterflächen. Die Dachflächen bestehen häufig aus Acrylglas, die tragenden Elemente aus Aluminium. Der Aufbau ist dank des geringen Gewichts der Bauteile und einer guten Vormontage leicht auszuführen.

Ökotip
Betonierte Fundamente sind meist nicht erforderlich. Man kann einen Pavillon einfach auf der Wiese aufstellen.

Pavillons aus Holz

Das Angebot ist groß: Schon bei der Grundrissgestaltung sind vier-, sechs- oder achteckige bzw. runde **Grundformen** möglich. Diese Vielfalt gilt auch für Außenwände, Dachausführungen, Innenausstattungen und Materialien. In allen Fällen wird nach dem Baukastensystem und in Serie gefertigt.

Unterschiedliche Preise ergeben sich in der Hauptsache aus der Verwendung von verschiedenen Holzqualitäten. Tropenhölzer sind, wenn sie überhaupt noch angeboten werden, teurer als heimisches Fichten- oder Kiefernholz. Das gilt auch für ein Reet- oder Kupferdach anstelle einer Abdeckung aus Bitumenpappe.

Ein Pavillon dieser Art ist immer ein Blickfang und sollte in die Gartengestaltung integriert werden. Für den Heimwerker bieten die Fertigprodukt-Broschüren viele Anregungen. Sie können auch Einzelteile wie Fenster und Türen kaufen, die in einen Selbstbau sehr gut integriert werden können. Will man sich dieser Fertigteile im Eigenbau bedienen, muss man angrenzende Wandteile entsprechend dimensionieren.

Treffpunkt Pavillon

Holzpavillon als Blickfang

Holzbearbeitung

Holzhaus mit Erker

cher für Schraubverbindungen. Die Langlöcher für Zapfen entstehen aus mehreren nebeneinander ausgeführten Bohrungen, sodass nur noch der Grat mit dem Stechbeitel ausgenommen werden muss. Spannen Sie die Bohrmaschine in einen Bohrständer, wenn Sie exakt senkrechte Bohrlöcher ausführen müssen. Für Beton benötigen Sie eine Schlagbohrmaschine.

Sicherheitstip
Schützen Sie Ihre Hände bei Holzarbeiten stets mit Handschuhen vor scharfen Kanten und Splittern.

Wenn Sie nach Ihrer Materialliste alle Werkstoffe besorgt haben, sollten Sie das Holz sortieren. Da weniger hochwertige Teile nicht sofort ins Auge fallen sollen, sortieren Sie die Stützen, Längs- und Querhölzer, Bretter und Latten nach ihrer Qualität.

Die Hölzer sind in der Regel rechtwinklig zugeschnitten. **Schrägschnitte, Einkerbungen, Zapfen** und **Schlitze** zeichnen Sie mithilfe von Meterstab, Bleistift und Anschlagwinkel auf dem Holz an. Sie können mit Kreis-, Stich- oder Handsäge die Schnitte ausführen, je nach Größe des Werkstücks. Präzise, kleine Schnitte führt man am besten mit dem Fuchsschwanz aus. **Gehrungsschnitte** für Schrägstützen gelingen optimal, wenn Sie eine Gehrungssäge oder Gehrungslade benützen. Bei **Schlitz- und Zapfenverbindungen** müssen Sie auf genau senkrechte und gerade Schnitte achten.

Mit der elektrischen Bohrmaschine bohren Sie die Langlöcher für die Zapfen und die Lö-

Auch an gehobelter Ware sind die Kanten noch nicht gebrochen. Tun Sie dies mit einem Hobel oder grobem Schleifpapier.

Auch unebene Stellen, Splitter, Handabdrücke oder Bleistiftmarkierungen arbeiten Sie mit Schleifpapier nach. Erst dann beginnen Sie mit der **Oberflächenbehandlung**. Das Anstrichmittel soll gleichmäßig in das Holz eindringen und auf keinen Fall heruntertropfen. Verarbeiten Sie **Holzschutzmittel** nicht in praller Sonne.

Das Dach

Ein einfaches Gartenhaus erhält in der Regel ein flach **geneigtes Dach**. Gegenüber dem Flachdach hat man die Sicherheit, dass Regen- oder Schmelzwasser schnell abfließen können.

Eine **Regenrinne** schützt den umgebenden Erdboden vor zu starker Durchfeuchtung. Außerdem kann so das abfließende Wasser die Holzwände nicht erreichen.

Breites Pultdach

Aluminiumdach

Abgesehen von der Neigung unterscheiden sich **Pult- und Flachdach** nur wenig voneinander. Ein Pultdach ist ein einflächiges Dach, das in eine Richtung geneigt ist. Für den notwendigen Wasserablauf genügt eine Neigung von 2 bis 3 %.

In der Regel wird das Wasser zur Rückfront hin abgeleitet. Bei häufig zu erwartenden Schneelasten sollte eine stärkere Dachneigung eingeplant werden.

Aus optischen Gründen kann man ringsum an den Seiten eine Blende anbringen. Sie muss so breit sein, dass sie die dahinter befindliche Schräge völlig verdeckt. Man kann diese Blenden

mit Schieferplatten oder Holzschindeln verkleiden.

Ein **Satteldach** ist mit seinen vielen verschiedenen Eindeckungsmöglichkeiten ein interessanter Anblick. Die Dachneigung fällt aber hier bedeutend stärker aus. Unter dem Dach kann durch Einbau einer Zwischendecke zusätzlicher Stauraum entstehen. Eine Klappe in der Decke oder eine Öffnung in der Giebelwand sind praktische Zugänge.

In den meisten Fällen allerdings werden Gartenhäuser mit einem – von innen her betrachtet – offenen Dach gebaut. Dies hat nicht nur Kostengründe, sondern ist auch optisch ansprechend, weil

man die Konstruktion und die Dachschrägen sieht. Der Innenraum wirkt somit größer.

Um das Dach von außen optisch aufzuwerten, wird es oft sehr flach gehalten und man sieht große Dachüberstände vor. Die Giebelbretter werden zum Teil durch Einkerbungen, Schnitzereien oder Malereien verziert.

Welche Neigung ein solches Sattel- oder Giebeldach erhält, liegt im Ermessen des Bauherrn. Hat man sich jedoch für ein Satteldach entschieden, sollte es eine deutliche Neigung bis zu 45 Grad aufweisen. Für eine Eindeckung mit Ziegeln geben die Hersteller von Dachziegeln für je-

Satteldach

die Regenrinnen aus optischen Gründen schon einmal wegfallen. Ansonsten sollten sie möglichst verdeckt oder in die Konstruktion miteinbezogen werden. Das gilt auch für die Fallrohre.

Eventuell verwendet man eckige Kastenrinnen. Da sich im Winter gefrorenes Stauwasser in eckigen Rinnen nicht so leicht ausdehnen kann wie in halbrunden, kommt es jedoch leichter zu Schäden.

Man kann sich die Rinnen auch aus Holz bauen und innen mit Zinkblech oder Bitumenpappe auskleiden. Die Rinnenkästen lassen sich aus 10 cm breiten Brettern fertigen. Besser ist jedoch die U-Form. Wie die Metallrinnen müssen auch die Holzrinnen an den Enden einen Abschluss erhalten. Man kann Holzstücke mit wasserfestem Leim einsetzen. Zusätzlich sollte mit einem Dichtmittel gestrichen werden.

des ihrer Produkte eine Mindestneigung vor.

Wasserrinnen und -rohre fallen kaum ins Auge, wenn man sie entweder aus **Kupfer** oder aus **Kunststoff** in der passenden Farbe wählt. Man bekommt sie mit allem erforderlichen Zubehör samt Anleitung im Baumarkt oder Baustoffhandel.

Vergessen Sie nicht die Entwässerungsrohre für den Anschluss an die Kanalisation.

Neben Standarddächern gibt es viele Sonderformen, die in der Herstellung aufwendiger sind, wie etwa Rundformen oder spitz zulaufende Dächer von Pavillons. Bei diesen in der Regel etwas kleineren Dachflächen können

Das Regenwasser lässt man von der Rinne aus entweder an einer Kette oder in Fallrohren herunterrieseln. Durch die passende Dacheindeckung gibt man dem Dach den letzten Schliff.

Abdichten oder Eindecken

Die einfachste Lösung ist ein Wetterschutz durch **Bitumenpappe**. Bitumenpappe ist besandet, um sie gegen die UV-Strahlung unempfindlich zu machen. Dennoch versprödet das Material im Laufe der Zeit.

Die Pappen können nur auf festem Untergrund angebracht werden. Verwenden Sie 20-25 mm dicke Bretter, die mit Nut und Feder auf die Dachbalken oder Sparren genagelt werden. Die Feder sollte dabei immer nach oben zeigen. Legen Sie bei dieser Gelegenheit Dachgröße und Dachüberstände fest.

1 Die Pappe ist in 1 m breiten Rollen erhältlich. Mit einem speziellen Bitumenkleber klebt man sie vollflächig auf die Dachfläche, wobei am unteren Ende begonnen wird. Danach kleben Sie die nächste Bahn mit einer Überlappung von etwa 10-15 cm auf. Entsprechend der Rollenbreite berechnen Sie schon vorher, wieviel Bahnen Dachpappe auf der gesamten Dachfläche gebraucht werden und wie breit die Pappe überlappen kann. An Seiten und Unterkante bördelt man die überstehende Pappe

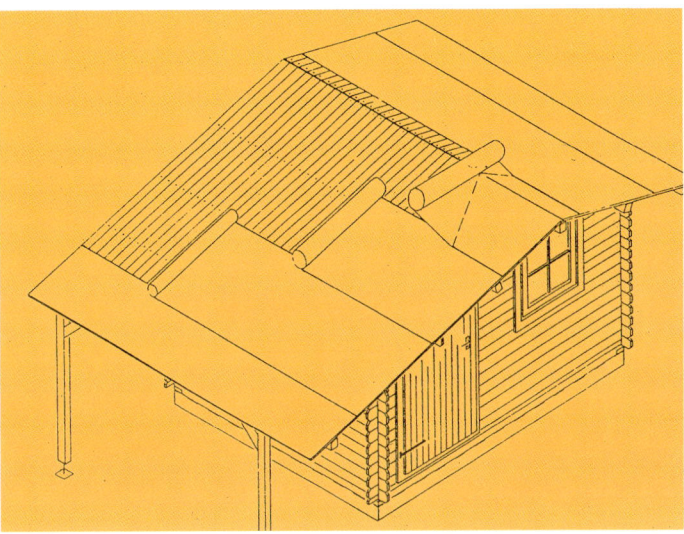

1

um das Holz herum und nagelt sie an der Unterseite fest. Diesen Abschluss kann man durch Blenden verdecken. Da die Blenden an den nur 20-25 mm dicken Dachbrettern nicht genügend Halt finden, werden 40 mm dicke Hölzer an die Unterseite der Blendbretter geschraubt oder genagelt.

Dies ist auch dann erforderlich, wenn **Schieferplatten** oder **Schindeln** als Dachverkleidung aufgenagelt werden sollen. Auch

hier beginnen Sie mit der Eindeckung an der unteren Kante des Dachs. Nur so ist sichergestellt, dass das Regenwasser nicht unter die Eindeckung gerät. Schiefer oder Schindeln eignen sich selbstverständlich nicht für flache Dächer, da der Wind das Regenwasser unter die Abdeckung drücken kann. Dachpappe eignet sich für Flach- und Steildächer.

Dachziegel kann man nur bei Steildächern verwenden. Es gibt

2

Platten direkt auf den Sparren befestigen können oder ob eine zusätzliche Querlattung nötig ist. Es sind auch verschiedene Zusatzelemente wie seitliche Abschlüsse, Firstabdeckungen und Endstücke für flachgeneigte Dächer im Handel erhältlich. Wellpappe verschmutzt im Bereich der Überlappung im Laufe der Zeit, was von unten betrachtet manchen stört.

Sicherheitstip
Normale Glasscheiben darf man auf keinen Fall als Dachabdeckung verwenden. Alternativ dazu gibt es massives Acrylglas, Stegdoppelplatten oder Drahtglas. Wegen der großen Temperaturunterschiede können sich die Platten erheblich ausdehnen oder zusammenziehen. Am besten befragen Sie einen Fachmann.

Glatte Kunststoffplatten werden auf den Sparren befestigt bzw. von Klemmprofilen mit Moosgummidichtung gehalten. Sie müssen bei der Dachplanung beachten, dass die Platten in Längsrichtung genau über einem Sparren oder einem anderen tragenden Teil aneinanderstoßen.

Ziegel im Handel, die schon bei einer Neigung von nur 10 Grad ausreichend dicht liegen. Üblicherweise liegen die Dachneigungen zwischen 28 und 45 Grad. Damit die Ziegel festen Halt finden, nagelt man zunächst Dachlatten auf die Sparren. Der Abstand zwischen den Sparren sollte nicht mehr als 60 cm betragen. Wie weit die Dachlatten auseinanderliegen dürfen, hängt von den Ziegeln und der Breite des Dachs ab. In der Regel muss man ausmitteln, um überall mit den Sollmaßen zurechtzukommen.
Für den seitlichen Abschluss legt man spezielle Ziegel auf, die rechts oder links zum Giebel hin

eine rundgeformte Kante besitzen. Vergessen Sie nicht, auch Firstziegel auf die Materialliste zu setzen.

Wenn Sie im Innenraum der Anblick der unverkleideten Eindeckung stört, bringen Sie eine **Innenverkleidung** aus Profilholz oder Deckenplatten an. Sichtbare Balken sollten gehobelt sein. Bei entsprechender Dachgröße kommt auch eine Zwischendecke infrage.

2 Wenn Sie das Dach Ihres Gartenhauses mit **Wellplatten** eindecken wollen, sollten Sie den Fachmann befragen, ob Sie die

Dachbegrünung

Nutzen Sie die Dachflächen Ihres Gartenhauses als Grünfläche.

Außerdem schützt die grüne Decke die Dachpappe vor der zerstörenden Wirkung der UV-Strahlen. Eine üblicherweise aufgebrachte Kiesschüttung ist nicht mehr nötig. Nicht zuletzt hat ein solches **grünes Dach** große **Dämmwirkung**: im Sommer sitzt es sich darunter bedeutend kühler.

Was den Aufbau der Dachbegrünung betrifft, sollten Sie wissen, dass wegen der geringen Erdsubstrathöhe kein großes Gewicht auf das Dach des Gartenhauses drückt. Bei den Stützweiten der Gartenhäuser sind die Gewichte problemlos aufzubringen, ohne dass Schäden zu befürchten sind. Das **Substrat** aus Mutterboden und Blähton wiegt bei einem Auftrag von 5 cm etwa 50 kg pro m^2.

Dachbegrünung

Als Sperre gegen die Durchwurzelung werden spezielle Folien angeboten. Bei Dächern ohne Gefälle wird auf der Folie eine **Drainage** aus Blähton, Lava oder ähnlichen Materialien aufgebaut, damit die bepflanzte Fläche nicht durch Stauwasser versumpft. Legen Sie ein **Vlies** als Filter über die Drainage, so wird das feinkörnige Substrat nicht in die Drainage eingewaschen.

Seien Sie sparsam mit zusätzlichen Nährstoffgaben durch Düngung, da die Dachbegrünung nicht so üppig werden soll. Bepflanzen Sie Ihr Dach mit anspruchslosen **Pflanzen**, die ohne Probleme eine Trockenperiode überstehen. Durch Samenflug wird die Dachbegrünung vorteilhaft ergänzt.

Einige Hersteller bieten übrigens komplette Pakete an, mit allen benötigten Materialien einschließlich der Pflanzen. Große Pflanzen sind für die Dachbegrünung nicht geeignet; einige der folgenden Pflanzen werden nicht höher als etwa 5 cm:

1

2

Steinwurz (blüht gelb),
Scharfer Mauerpfeffer (gelb),
Weiße Fetthenne (weiß),
Dachswurz (rosa),
Feldthymian (rot) und
Kugelsteinrose (gelb).

Zum Schluss soll noch ein einfaches, voll in die Landschaft integriertes Gartenhaus vorgestellt werden.

1 Die Wände sind doppelschalig aus Nut- und Federbrettern gefertigt, wodurch eine effektive Dämmung der Hohlräume möglich wird.
Die senkrecht verlegten Profile haben außen einen Holzschutzanstrich, während die waagrecht angebrachte Innenverkleidung unbehandelt bleibt.

2 Auf der Südseite ist ein verglaster Anbau (etwa 250 cm breit, 200 cm tief), der als Wintergarten genutzt werden kann. Im verglasten Dach befindet sich ein aufstellbares Glasfenster, um bei Bedarf Stauwärme entweichen zu lassen. Die Dachflächen des Hauses sind so ausgelegt, dass sie bepflanzt werden können. Zu diesem Zweck ist auch bereits die wurzelfeste Folie aufgelegt.

Wandbegrünung

Beziehen Sie entsprechende Rankhilfen für Kletterpflanzen von Beginn an in die Planung Ihres Gartenhauses mit ein. Kletterpflanzen brauchen Wände, Rankgerüste oder Bäume. Ist für ausreichend Halt gesorgt, entwickeln sie sich ausgezeichnet. Sie halten sich mit Haftwurzeln, Dornen oder Ranken.

Schlinger finden dadurch Halt, dass sie sich an Stäben oder anderen Trieben hochwinden. Einige Kletterpflanzen bilden nur Blätter, die sich im Herbst sehr schön verfärben, andere sind blütenreich. Bei der Entwicklung spielen Standort und Nährstoffangebot eine wichtige Rolle.

Die **Waldrebe** blüht in vielen Farben. Der Wurzelbereich muss im Schatten liegen. Es darf auch nicht zu dicht an die Wand gepflanzt werden. Zuviel Sonne und Hitze lässt die Blüten vorzeitig abfallen. Im Winter trocknet die Waldrebe fast völlig aus.

Wer sein Rankgerüst oder seine Laube in kurzer Zeit zuwachsen lassen möchte, sollte den **Schlingknöterich** wählen. Die Zweige dieser schnell wachsen-

Pergola mit Rankgerüst

den Kletterpflanze werden mehr als 5 m lang, sie tragen viele weiße Blüten. Pflanzen, die so üppig blühen und wachsen, brauchen ein entsprechend großes Nährstoffangebot. Der Schlingknöterich blüht von August bis Oktober. Zu empfehlen ist in jedem Jahr ein Rückschnitt, denn sonst lässt die Blühfreude nach und die Pflanze wuchert zu stark.

Die **Kletterrose** blüht zahlreich und in vielen Farben. Die Blühzeit beginnt schon im Juni und endet im Oktober mit den ersten Nachtfrösten. Die Entwicklung ist stark vom Standort und den Bodenverhältnissen abhängig. Rosen brauchen intensive Pflege, wenn man sich lange an ihnen erfreuen möchte. Im Herbst ist ein Rückschnitt erforderlich. An den Rank-

Gleich 4-5 m lang werden die Triebe der **Glockenrebe**. Hellviolette oder weinrote Blüten verschönern Ihr Gartenhaus von Juni bis September. Die Glockenrebe braucht einen nährstoffreichen Boden.

Der **Zierkürbis** beeindruckt den Betrachter durch seine eigenwillig geformten und gefärbten Früchte, die jedoch nicht essbar sind. Ernten Sie die Zierkürbisse erst im Herbst. Dem Wachstum dieser Pflanze kann man fast zusehen. Sie braucht einen warmen, sonnigen Standort und lockeren Boden. Düngen Sie auch hier nach. Binden Sie die Pflanze regelmäßig hoch, da das Gewicht der Früchte die Pflanze herunterziehen kann.

Rankgitter

Die außerordentlich große Zahl der Blüten und die Farbenpracht zeichnen die **Wicke** aus. Die Blätter treten fast ganz in den Hintergrund. Kaufen Sie auf jeden Fall gemischtfarbigen Samen. Um die Blütezeit zu verlängern, werden die Samenkörner nicht auf einmal in die Erde gebracht. Die Wuchshöhe beträgt 100 cm. Als Rankhilfe bietet sich z.B. ein Maschendrahtgitter an.

gerüsten halten sich die Rosen nicht selbst; sie müssen angebunden werden. Wegen des großen Gewichts sind stabile Haltegerüste erforderlich. Eine reine Südlage sollte vermieden werden, damit die Blüten nicht vorzeitig welken.

Der **Wilde Wein** zeichnet sich durch die schöne Herbstfärbung seiner Blätter aus.

Der **Efeu** eignet sich gut zur Begrünung großer Flächen. Sogenannte »Einjährige« bilden zudem sehr schnell eine dichte Decke.

Überdachten Freisitz selbst bauen

Material

Holz (Fichte, nach Stückliste), Nägel (50 u. 80 mm lang), Bitumenpappe, Flachkopfnägel, Anker, Dachrinne mit Fallrohr, Anschraubwinkel.

Werkzeug

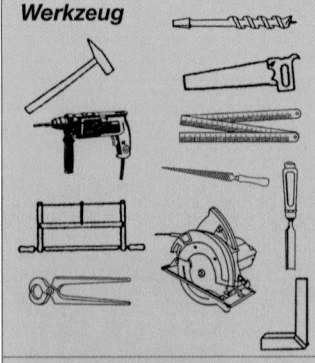

Schwierigkeitsgrad

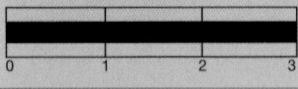

Kraftaufwand

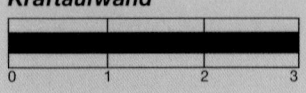

Arbeitszeit

Nur für die Holzarbeiten, ohne Fundament, benötigen Sie etwa 40 Stunden.

Ersparnis

Rund 300 €

Materialliste für die Holzteile

3 Pfosten H.	100 mm Fichte	210 x 19 cm
2 Pfosten V.	100 mm Fichte	230 x 10 cm
2 Pfosten S M.	100 mm Fichte	220 x 10 cm
8 Querriegel V + H	100 mm Fichte	160 x 10 cm
8 Querriegel S.	100 mm Fichte	150 x 10 cm
5 Sparren	100 mm Fichte	370 x 10 cm
2 Schrägstreben	100 mm Fichte	110 x 10 cm
Verbretterung S.	20 mm Fichte	5,5 m²
Verbretterung H.	20 mm Fichte	11,0 m²
Dachverkleidung	20 mm Fichte	15,0 m²

Als Sitzplatz im Garten bietet sich längst nicht nur eine Terrasse direkt am Haus an. Ist der Garten ausreichend groß, kann man sich natürlich auch eine Laube schaffen, die eine gemütliche Sitzecke vor Sonneneinstrahlung und Regen schützt.

Halbhohe Wandverkleidung   **Offene Berankung**

Von einer überdachten Fläche von etwa 12 bis 15 m² sollte man bei der Planung ausgehen. Damit es bei mäßiger Luftbewegung nicht gleich zieht, kann man je nach den örtlichen Gegebenheiten 1 bis 3 Seiten durch eine Verkleidung schließen.

Ökotip
Gestalten Sie einen Teil der Wandflächen offen, indem Sie statt der Vollverkleidung Rankgerüste einsetzen und diese dicht einwachsen lassen.

Schon wegen der Bodenfeuchte sollte man auf einen festen Unterbau aus Ziegeln, Platten oder Holzfliesen großen Wert legen. Für die **Balkenkonstruktion** werden gehobelte Hölzer verwendet. Die Verkleidung besteht aus sogenannten Hobeldielen mit Nut und Feder oder einer rauen Stülpschalung. Sie sieht besonders rustikal aus. Für die **Dachdeckung** können Sie zum einen Wellplatten wählen, zum anderen geht es natürlich auch massiver mit einer Brettschalung samt Dachpappe.

Die Kopfhöhe bzw. der freie Durchgang beträgt 2 m. Maßänderungen in allen Richtungen sind ohne Weiteres möglich. Es ist ein einheitlicher Querschnitt für alle Balken gewählt worden: Das vereinfacht den Nachbau. Man könnte die Querstreben oder die Sparren auch etwas schwächer dimensionieren, doch würde sich dies bei der kleinen Holzmenge im Preis kaum niederschlagen. Wird die überdachte Laube nach diesem Konzept gebaut, bietet die Materialliste eine gute Unterstützung beim Einkauf. Wollen Sie davon abweichen, müssen Sie die Liste entsprechend ändern. Eine kleine Skizze hilft zusätzlich, Irrtümer zu vermeiden, denn man kann dann die neuen Maße am besten überprüfen. Die Maße einzelner Bauteile sind so berechnet, dass Sie die Teile mit Anschraubwinkeln und Verbindungsblechen zusammenbauen können. Wollen Sie jedoch nach alter Zimmermannskunst mit Schlitz und Zapfen arbeiten, sind die Längen für die Zapfen der angegebenen Bauteillänge hinzuzurechnen.

Die fertig zugeschnittenen Hölzer werden so sortiert, dass man sie beim **Zusammenbau** der Reihe nach griffbereit hat. Mit Meterstab, Bleistift und Anschlagwinkel zeichnet man an, wo gezapft und wo geschlitzt werden muss. Die Stützen sind am oberen Ende gezapft, damit die Dachbalken mit ihren Langlochbohrungen aufgesteckt werden können. Im Übrigen erhalten die Stützen Schlitze, damit die gezapften Querriegel eingesetzt werden können.

In den beiden **Außenrahmen** befinden sich je eine senkrechte **Mittelstütze** und vier **Querriegel**. Sie begrenzen beispielsweise die Fensteröffnung des rechten Rahmens. Hier wird später eine waagrechte oder senkrechte Verbretterung angebracht. Die Fensteröffnungen lassen sich zusätzlich mit Fensterbänken ausstatten. An der anderen Seite gestaltet man die Wand durch Spanndrähte, damit die Seite von üppigen Rankpflanzen bewachsen werden kann.

Die Rückwand ist ganz geschlossen, so dass die aus Stützen und Querriegeln bestehenden Rahmen komplett mit den Nut- und Federbrettern beplankt werden.

An der Vorderfront bringt man oben rechts und links jeweils eine Querstrebe an, damit die Stabilität gewährleistet ist. Dazu kommen noch zwei Querriegel, die jedoch später hinter einer Verkleidung verschwinden. Ein Teil der Vorderfront kann mit weiteren Querriegeln versehen und geschlossen werden, man kann aber auch wiederum Spanndrähte oder einen großen Blumenkübel anbringen und die Seite bepflanzen.

Damit die **Dachplatten** gut verankert werden können, sind fünf Sparren auf den oberen Rahmen aufgesetzt. Man schraubt sie am besten mithilfe handelsüblicher Winkeleisen an.

Setzt man das Haus auf ein Ringfundament, sollten die Anker noch nicht eingelassen sein, damit man etwas Bewegungsspielraum hat.

Der erste Außenrahmen wird aufgesetzt und durch Stützlatten in der Senkrechten gehalten. Die drei hinteren und das vordere obere Querholz werden mit Leim in die Zapfenlöcher gesteckt. Dann wird der Mittelrahmen angesetzt. Das Gerüst steht jetzt bereits ohne Stützen. Die nächsten Querhölzer werden eingesetzt und der Außenrahmen mit diesen Hölzern verbunden. Wichtig ist, dass alle Querfugen zwischen den Riegeln und den senkrechten Stützen dicht sind. Da kaum je-

Frontansicht

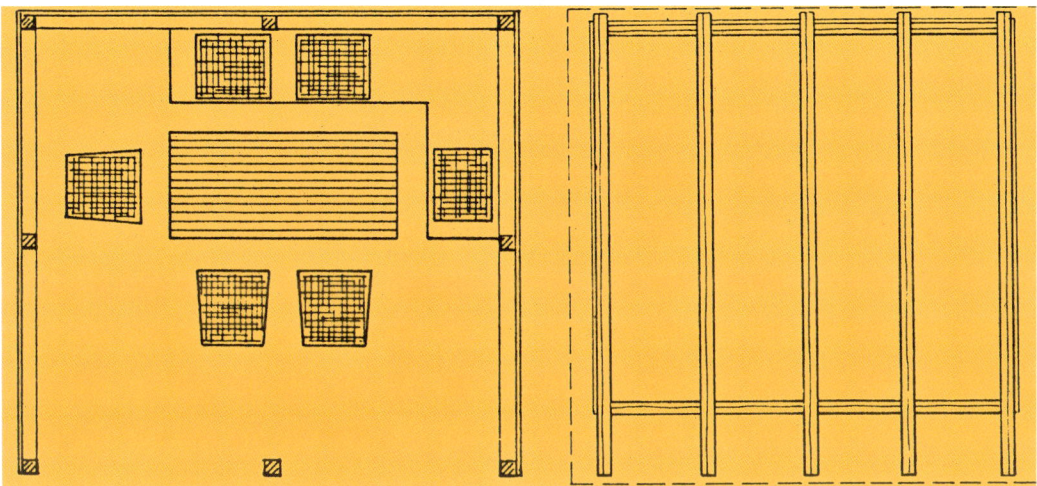

Grundriss *Nötige Dachbalken*

mand so große Spannvorrichtungen besitzt, muss mithilfe eines Spanndrahts und eines Knebels das Gerüst zusammengedrückt werden. Die Verbindung wird zusätzlich durch einen Nagel gesichert, der durch die Stütze und den Zapfen getrieben wird. Auch hier sind wieder Diagonalmessungen zur Feststellung des rechten Winkels angebracht. Das Dach besteht aus fünf Sparren, die mit 20 mm dicken Nut- und Federbrettern beplankt werden. Darauf klebt man Bitumenpappe (vgl. Grundkurs S. 137).

Profitip
Hier sei noch einmal erwähnt, wie wichtig der »konstruktive Holzschutz« ist. Das beginnt damit, dass die Stützen der Laube auf Anker gesetzt werden, die ausreichenden Abstand zum Fundament halten. So kann das Spritzwasser abtropfen und das Stirnholz immer wieder ablüften. Wird darauf nicht geachtet, kommt es im Laufe der Zeit unweigerlich zu Schäden.

An anderen Stellen sollte Regen erst gar nicht ins Stirnholz tropfen können. Das können Sie beispielsweise durch einen breiten Dachüberstand verhindern.

Abdeckhölzer setzt man überall dort als Regenabweiser auf, wo Pfosten oder Profile geschützt werden müssen.

Beispiel: Wenn Sie ringsum die untere Hälfte der Laube verkleiden wollen, setzt man als Abdeckung breite Fensterbänke darüber.

Ein einfacher Pavillon

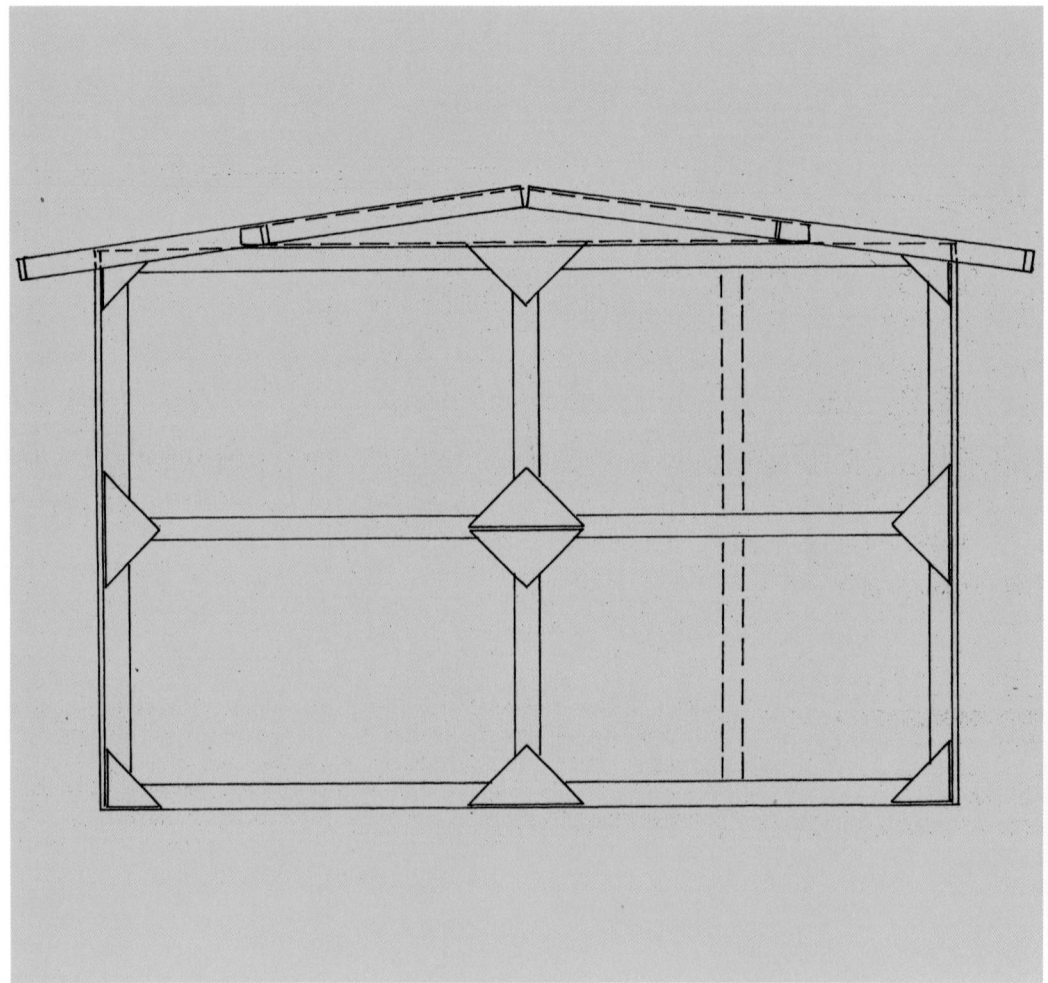

Material
Fichten- oder Tannenholz, Anschraubwinkel, Schrauben, Nägel, 4 Anker aus Flacheisen, eventuell Glasscheiben.

Werkzeug

Schwierigkeitsgrad

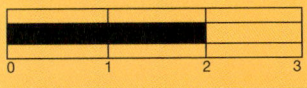

Kraftaufwand

Arbeitszeit
Ohne Dach 16 Stunden, mit Dach 32 Stunden.

Ersparnis
Ohne Dach 200 €, mit Dach 350 €.

Ein schlichtes Gebäude kann durchaus ein schöner Beitrag zur Gartenlandschaft sein. Dafür bedarf es auch keiner komplizierten Rund- oder gar Achteckform. Die hier vorgestellte Konstruktion lässt alle Wünsche offen: Sie können sie Punkt für Punkt übernehmen oder auch nach eigenen Vorstellungen abändern. Möglich ist das sicher im Dachbereich, denn dort ist fast alles machbar. Auch für die Wände können Sie eine vieleckige Variante mit einer anderen Außenverkleidung ausarbeiten.

In dieser Arbeitsanleitung wird also zunächst einmal eine leicht durchschaubare Grundkonstruktion vorgestellt, die lediglich zur Orientierung dienen soll, falls Sie einen Pavillon komplett selbst bauen wollen. Die anschließenden Arbeitsanleitungen befassen sich dann mit vorgefertigten Bausätzen, bei denen sicher manche Detaillösung von allgemeinem Interesse ist.

Der Pavillon hat die Grundmaße 200 x 200 cm. Die Wandhöhe ist mit 220 cm festgelegt. Die Eingangswand ist offen, die übrigen Wände sind dagegen bis zur Fensterbrüstung in 90 cm Höhe verkleidet. Oberhalb aller vier Öffnungen ist noch eine umlaufende, 30 cm breite Blende vorgesehen. Im offenen Eingangsbereich bleibt so eine Durchgangshöhe von etwa 190 cm.

Will man den Raum erweitern, werden zusätzliche Zwischenstützen nötig. Der Eingangsbereich wird dann geteilt.

Die vier **Stützen** haben einen Querschnitt von 10 x 10 cm. Die Länge ist bereits vorgegeben. Der Querschnitt gilt auch für die insgesamt 14 **Querriegel**. Es werden zwei Rahmen mit dem unteren und dem oberen **Querholz**, einem Balken in Höhe der Fensterbank und einem weiteren Holz als obere Fensterbegrenzung verbunden. Wie man die Rahmen zusammenbaut, kann man selbst auswählen. Zum einen bietet sich die **Schlitz- und Zapfenverbindung** an, wobei jeweils zwei Holzdübel eingesetzt werden, oder die Bauteile werden mithilfe von **Winkelprofilen** miteinander verbunden.

Wichtig ist natürlich, dass alles winkelgenau gebaut wird. Danach kann die **senkrechte Verbretterung** oder eine andere Verkleidung angebracht werden. Die gehobelten Hölzer sollten am besten ein Nut- und Federprofil besitzen. Die gesamte Fläche einschließlich der Stützen und oberen Blenden wird verkleidet.

Nun geht es um den Eingang und die rückwärtige Wand. Hier müssen Vorbereitungen getroffen werden. Die restlichen Querriegel setzt man an die Seitenteile, wobei für den Eingangsbereich nur die beiden oberen Riegel benötigt werden. Die Verkleidung bringt man nach der Grundmontage an.

Zur Aufstellung und Montage der Seiten benötigen Sie eine **Hilfskraft**, die die erste Seitenwand in der Senkrechten hält, damit Sie zu beiden Seiten hin einige schräg angestellte Latten als Stützen anbringen können.

Haben Sie sich zur Befestigung der Riegel für Anschraubwinkel entschieden, kann auch anschließend gleich die zweite Wand aufgerichtet und festgesetzt werden. Sind aber Verbindungen mit Schlitz und Zapfen vorgesehen, werden die Riegel zunächst an den Stützen der ersten Seite befestigt, und erst dann kann die zweite Seite mit den Riegeln ver-

bunden werden. Es ist in diesem Fall natürlich etwas schwieriger, denn bei den Winkeln braucht ein Riegel ja nur zwischen die Stützen gesetzt und angeschraubt zu werden. Nachdem alle Stützen und Riegel montiert sind, wird die Holzkonstruktion genau positioniert und ausgerichtet.

Ökotip

Gießen Sie kein Fundament, wenn es nicht nötig ist. Für diesen luftigen Bau können Sie an jeder Ecke einen Anker aus Flacheisen ohne Punktfundament in den Boden schlagen und mit dem Holzwerk verschrauben.

Eine Diagonalmessung zeigt Ihnen, ob das Bauwerk exakt im rechten Winkel aufgestellt ist.

Nun kann die **Verkleidung** angebracht werden.

Der Pavillon ist nun bis aufs **Dach** fertig. Wie die Sparren neben den senkrechten Seiten angeordnet sind, kann man im Detail der Zeichnung entnehmen. Für die Verkleidung des Dachs lassen sich die gleichen Bretter mit Nut- und Federprofil aufnageln, wie sie zum Verkleiden der halbhohen Außenwände verwendet wurden.

Die **Fensterbänke** bestehen aus 20 cm breiten und 20 mm dicken Brettern, die man auf die Riegel schraubt oder nagelt. Die Kanten sollten Sie deutlich abrunden, um Verletzungen vorzubeugen.

Eine **Verglasung** der Fensteröffnungen ist leicht auszuführen. Die Scheiben werden durch 2 x 2 cm dicke umlaufende Leisten gehalten. Sie werden an den Innenflächen der Stützen des oberen Querriegels und auf der Fensterbank angebracht.

Damit keine Feuchtigkeit an den äußeren Leisten eindringen kann, ist auch hier ein »**konstruktiver Holzschutz**« wichtig. So sollte die untere Rahmenleiste bzw. die Fensterbank ein deutliches Gefälle nach außen aufweisen. Fensterscheiben und Leisten kann man mit Silikon eindichten.

Sicherheitstip

Bei diesen verhältnismäßig großen Fensterflächen kommt man mit Normalglas nicht aus. Hier muss besonders dickes Glas eingebaut werden, wie man es auch für Schaufenster verwendet. Bei dünnem Glas kommt man ohne Zwischensprossen nicht aus.

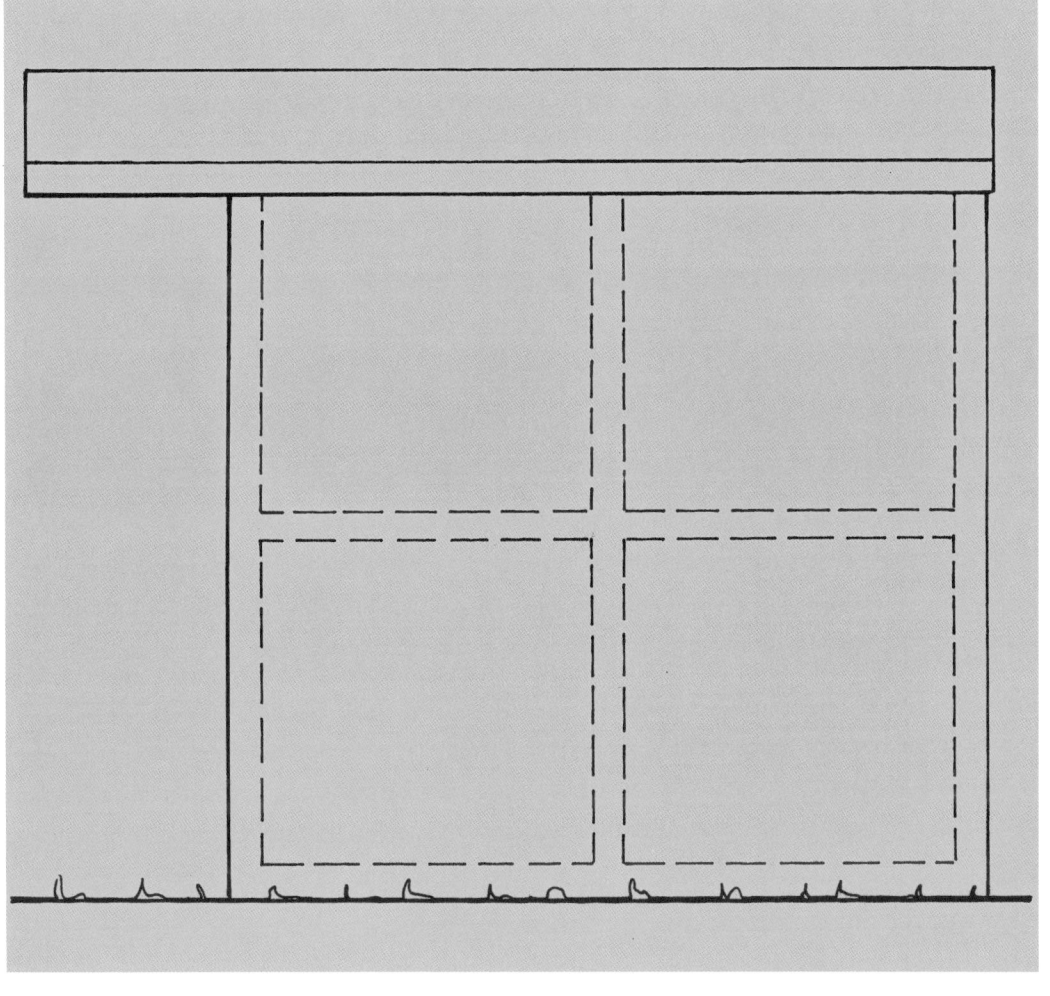

Offener Pavillon mit Dachplane

Material
Kiefer, kesseldruckimprägniert. Im Bausatz ist alles enthalten, was Sie zum Aufbau des Pavillons benötigen.

Werkzeug

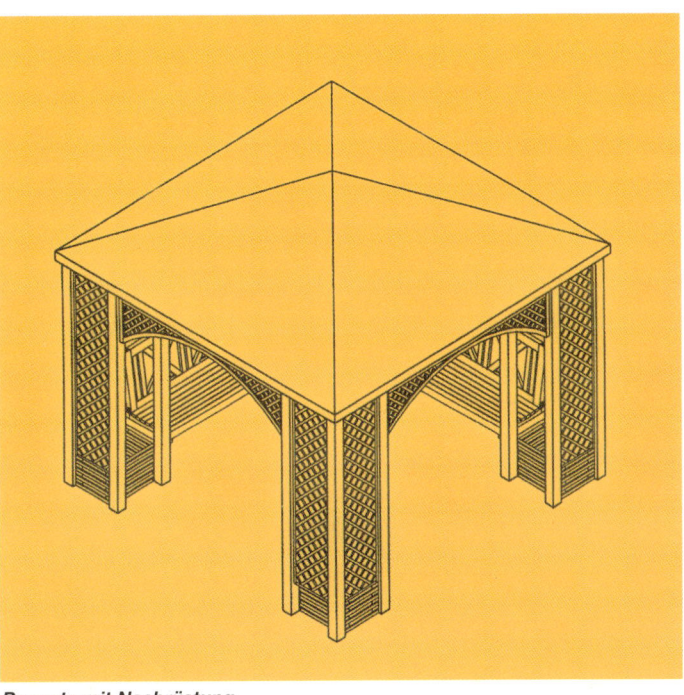

Bausatz mit Nachrüstung

Schwierigkeitsgrad

0	1	2	3

Kraftaufwand

0	1	2	3

Arbeitszeit
Nur für Holzarbeiten, mit Hilfskraft, ohne Fundament, 1 Tag.

Ersparnis
Sie sparen die Lohnkosten, die der Fachhändler für die Montage berechnen würde.

Ein leicht zu verstehender Bausatz, der nach der beigefügten Anleitung einfach zu montieren ist, weil er lediglich aus Pfosten und integrierten Rankgittern (imprägnierte Kiefer oder kanadische Rot-Zeder) besteht. Über dem sehr luftigen Gebäude mit gut 4 m² Grundfläche spannt sich ein Dach aus Polyestergewebe. Darüber hinaus können Sie diesen Pavillon mit Sichtblenden, Gitterelementen, Sitzbänken und Pflanzkübeln beliebig komplettieren.

Der Holzfußboden kann ohne Weiteres auch nachträglich eingebaut werden.

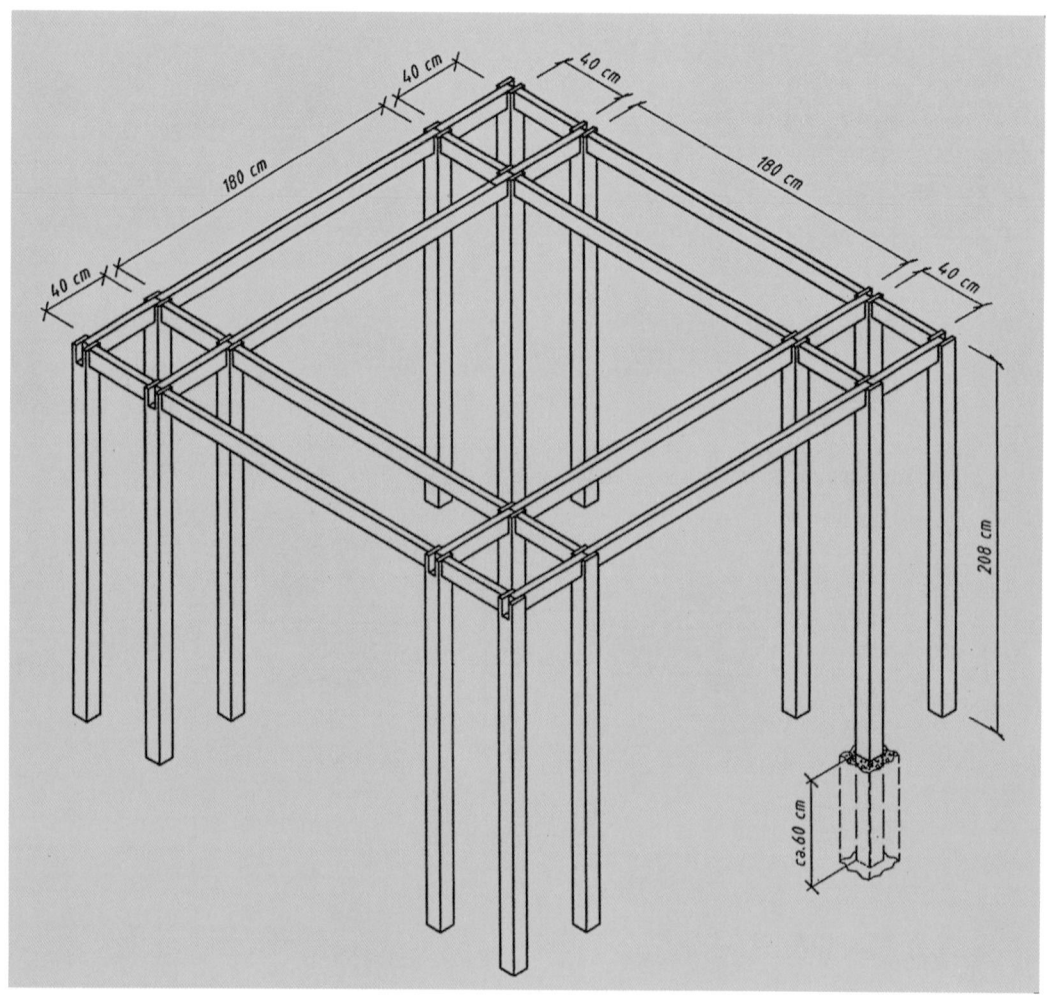

Achteckiger Pavillon

Material
Nordamerikanische Red Cedar, keine Imprägnierung nötig. Im Bausatz ist alles enthalten, was Sie zum Aufbau des Pavillons benötigen.

Werkzeug

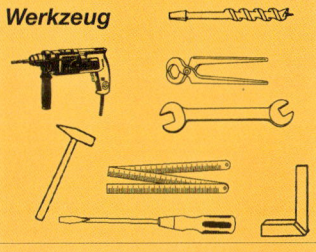

Schwierigkeitsgrad

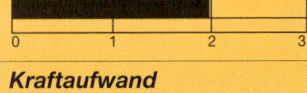

| 0 | 1 | 2 | 3 |

Kraftaufwand

| 0 | 1 | 2 | 3 |

Arbeitszeit
Nur für den Aufbau (mit zwei Hilfskräften), aber ohne Fundament, benötigen Sie 1 Tag.

Ersparnis
Sie sparen die Lohnkosten, die der Fachhändler für die Montage berechnen würde.

Dieser Pavillon hält sich an das klassische Vorbild des Gartenpavillons. Der Grundriss ist achteckig, das dazu passende, feste Dach ist von einer kleinen Spitze gekrönt: Ein kleines, luftiges Gebäude, das für jeden Garten ein reizvoller Blickfang ist.

Die vorgefertigten Bauteile lassen sich schnell montieren. Zwischen die Pfosten werden die Seitenbekleidungen gesetzt. Der Rahmen ist mit 16 stabilen Querriegeln ge-

sichert. Holzfußboden und Dachelemente sind leicht anzubringen.

Zum Zubehör gehören ein passender Tisch und Bänke, die genau passend zu den Maßen des Achteck-Pavillons (Durchmesser etwa 230 cm, Höhe etwa 300 cm) angeboten werden. Auch sie sind leicht zu montieren und machen aus Ihrem kleinen Häuschen einen gemütlichen Essplatz für Picknick und Grillen.

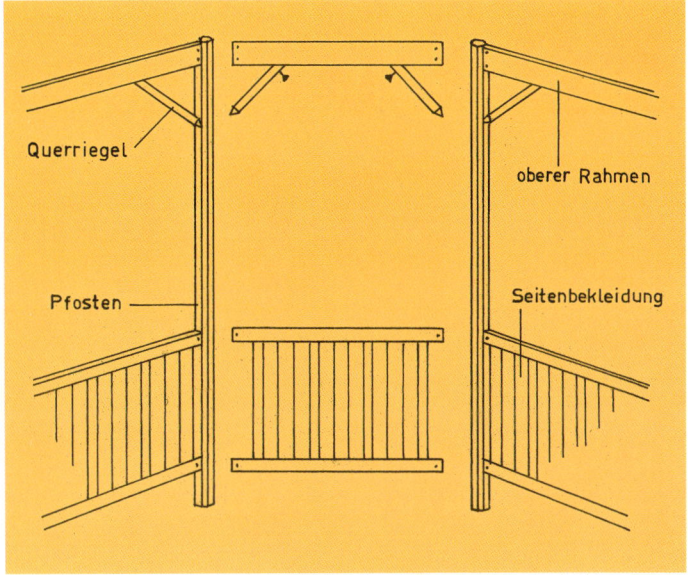

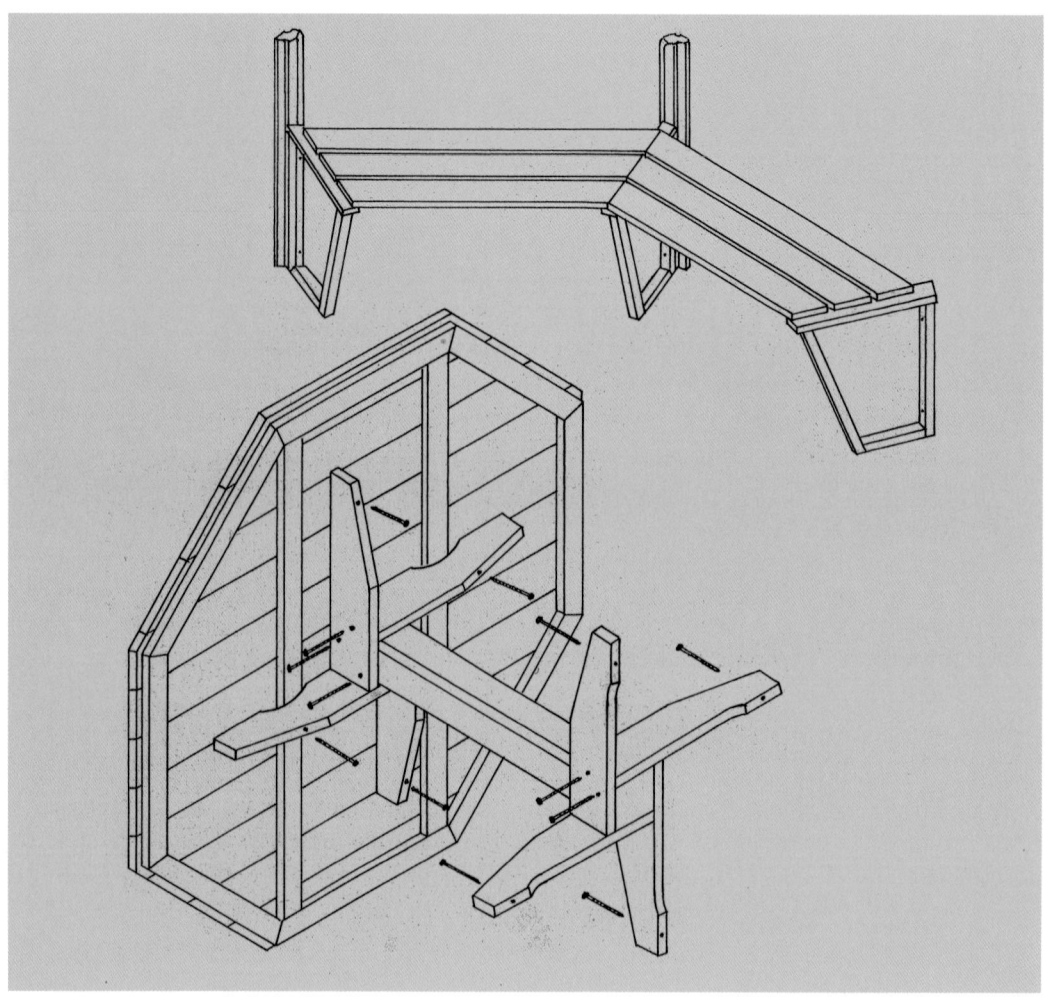

Kleines einfaches Gartenhaus

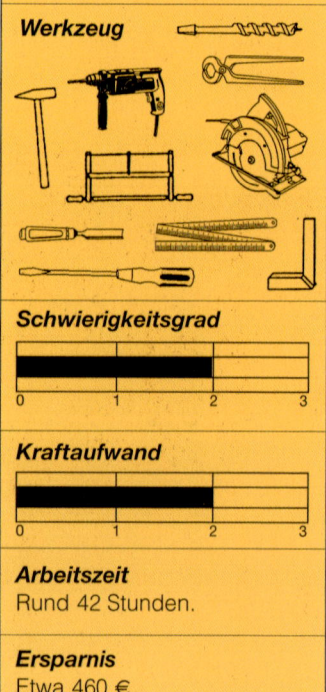

Material
Für alle Teile wird Fichte/Tanne verwendet. Hinzu kommen noch Anker oder wahlweise Anschraubwinkel, Schrauben und Nägel. Fürs Dach Bitumenpappe und Kleber, Dachrinnen und Fallrohre.

Werkzeug

Schwierigkeitsgrad

0	1	2	3

Kraftaufwand

0	1	2	3

Arbeitszeit
Rund 42 Stunden.

Ersparnis
Etwa 460 €.

Hinsichtlich der Konstruktion von Gartenhäusern gibt es vielfältige Möglichkeiten. Hinzu kommen noch die zahlreichen Variationen bei den Außenverkleidungen. Aus diesem Grund soll hier zunächst einmal eine leicht durchschaubare **Grundkonstruktion** vorgestellt werden, die lediglich zur Orientierung dienen soll, falls Sie ein Gartenhaus komplett selbst bauen wollen. Im Anschluss an den kompletten Selbstbau stellen wir Ihnen dann vorgefertigte Bausätze vor.

Die **Grundfläche** dieses Hauses beträgt 238 x 348 cm. Dabei ist einfach von einem Zwischenmaß von 60 cm zwischen den senkrechten Stützen ausgegangen worden. Die Stützen haben einen Querschnitt von 8 x 8 cm und sind 220 cm lang. Alle Hölzer haben den gleichen Querschnitt. Die Verkleidung und das Dach bestehen aus 20 mm dicken Fichtenholzbrettern; sie haben ein Nut- und Federprofil. So lässt sich eine verhältnismäßig glatte und winddichte Außenwand und ein solider Fußboden herstellen. Auch das Dach kann sich von innen sehen lassen. Die Türöffnung ist 90 cm breit. Die Fensterlaibung sollte 60 cm breit sein, sodass zwei schmale Fenster nebeneinander

eingebaut werden können. Möchte man nur ein Fenster einsetzen und anders positionieren, muss ein oberer und unterer Wechsel eingesetzt werden, damit die erforderliche Stabilität gewahrt bleibt.

Soll das Haus etwas verlängert werden, behält man den Stützenabstand bei und setzt wiederum im Abstand von 60 cm weitere Stützen an. Die Verkleidung mit Nut- und Federbrettern erlaubt diese Erweiterung ohnehin problemlos. Eine Erweiterung über ein 60er-Raster hinaus kann man jedoch nicht ohne zusätzliche Abstützung des Dachs vornehmen. Die Tür kann auch an einer anderen Stelle in der Innen- oder Außenwand eingebaut werden. Anhand der Skizzen kann man erkennen, dass es hier mehrere Möglichkeiten gibt.

Das **Grundgerüst** des Hauses besteht aus 6 gleichen **Rahmen**, in die auch die **Dachschrägen** einbezogen sind. Unten haben die Bodenriegel eine tragende Funktion: Die Bodenbretter werden hier aufgenagelt. Es können sowohl Bretter als auch Verbundplatten sein. Die 4 Innenrahmen haben diese Riegel nicht.

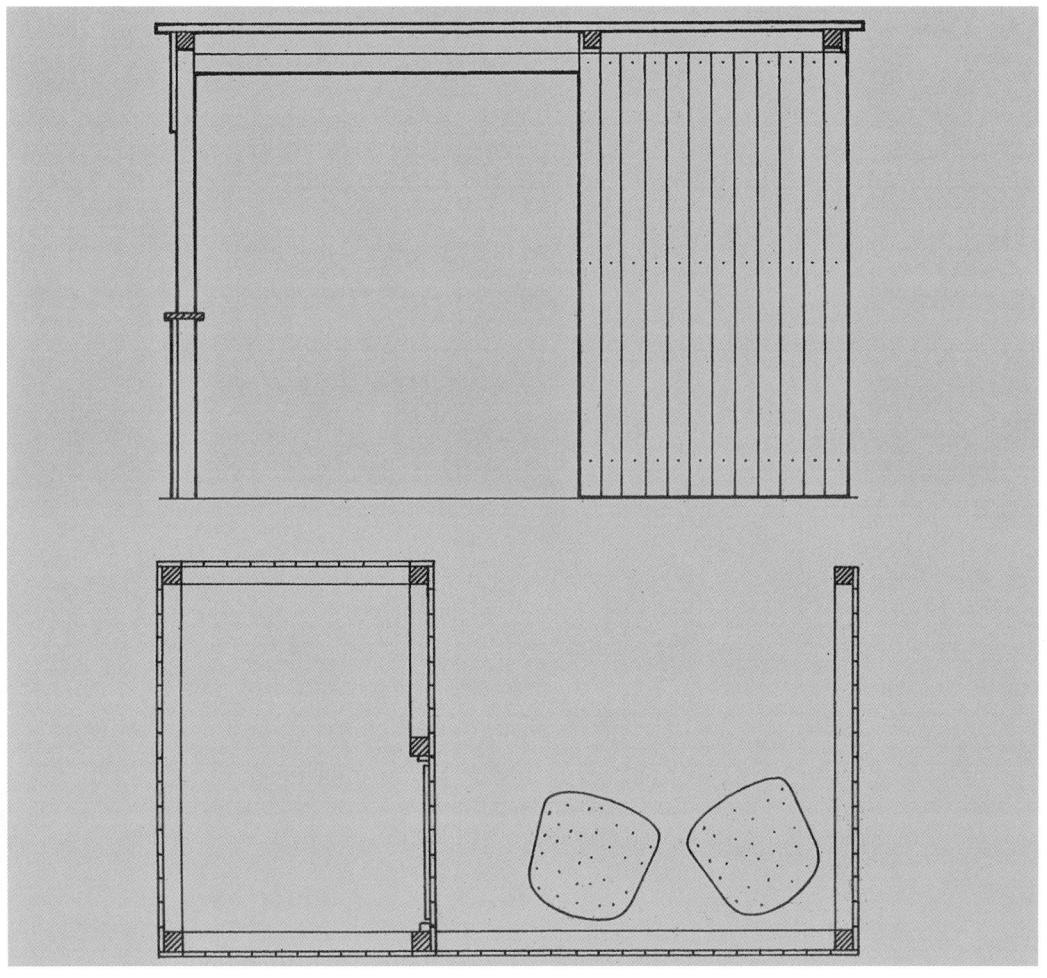

Frontansicht und Grundriss

Der Querriegel wird bei einem Fenstereinbau tiefer montiert

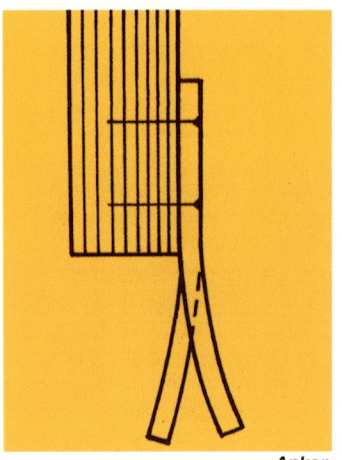

Anker

Profitip

Die Stabilität der Dachbalken wird durch Querbretter oder entsprechende Balken erreicht. Man nagelt die Bretter seitlich an, sie erhalten den erforderlichen Schrägschnitt. Danach werden sie unter die Dachbalken genagelt.

Bei den aufrechten und seitlichen Stützen müssen Schlitz und Zapfen für einen dauerhaften Zusammenhalt sorgen. Das gilt auch für die unteren Bodenriegel. Vor der Verzapfung ist bereits die endgültige Dachneigung und der Dachüberstand festzulegen. Die Lage der seitlichen kurzen Riegel oder Abstandhalter kann jetzt auch schon angezeichnet werden. Auch die Bohrungen für die Holzdübel lassen sich anbringen. Da das Holzwerk später rundum sichtbar bleibt, nimmt man natürlich nur gehobelte Ware. Als nächstes können die Rahmen verleimt werden. Die Verbindungen sollten so genau passen, dass keine großen Fugen entstehen. Natürlich muss auch auf winkelge-

Seitenrahmen mit Fenster   *Fensterbank – Schnitt*

rechte Verbindungen geachtet werden.

Profitip

Sie können sich die Arbeiten erleichtern, wenn Sie die Teile der Dachkonstruktion am Boden miteinander verbinden.

Für die **Aufstellung der Rahmen** und deren **Ausrichtung** kommt man ohne eine Hilfskraft nicht aus. Das liegt weniger am Gewicht, als an der Größe der Teile. Auf dem Fundament wird vorab noch der genaue Standort eines

jeden Einzelteils angezeichnet. Das erleichtert die Montage. Der erste Rahmen wird aufgestellt und mit schräg angebrachten Hilfslatten in der Senkrechten gehalten. Nachdem er genau ausgerichtet wurde, wird er durch zwei Anker oder Winkel mit dem Fundament verbunden.

Die kurzen Querriegel dienen unten gleichzeitig auch als Träger für den Bodenbelag. Mit den Dübeln werden sie an den dafür vorgesehenen Stellen in den ersten Rahmen gesteckt und der nächste

Rahmen dagegengesetzt. So montiert man sämtliche Rahmen nacheinander. Man beachte in diesem Zusammenhang die Fensteröffnung, da die Position der Querriegel hieran orientiert sein muss. Man kann auch später noch eine größere Öffnung schaffen. Der Querriegel oberhalb der Tür ist schon bei der Rahmenherstellung angesetzt worden.

Als nächstes wird der **Fußboden** aufgenagelt. Im Bereich der senkrechten Riegel müssen die Bretter oder Platten ausgeklinkt werden.

Türöffnung   Tür   Anschlag

Tür – Draufsicht

Dadurch entsteht eine dichte Verbindung zu den Wänden.

Im Anschluss daran folgen die **Dachfläche** und die **Seitenverkleidung**, die an den Außenkanten bündig mit den Eckstützen abschließt. Die beiden **Giebelverbretterungen** verdecken die Kopfenden der Seitenbretter. Die oberen Seitenbretter erhalten entsprechende Winkelschnitte, damit sie exakt an der Dachfläche anliegen.

Tür und Fenster

Zwischen den senkrechten Stützen und den entsprechend angeordneten Querriegeln finden Tür und Fenster ihren Platz. Beide Elemente sollten mit einem Futter ausgestattet sein.

Gartenhaus mit Veranda

Material
Holz: Nordische Fichte, 28 mm dick, überwiegend nicht imprägniert. Im Bausatz ist alles enthalten, was Sie zum Aufbau des Gebäudes benötigen.

Werkzeug

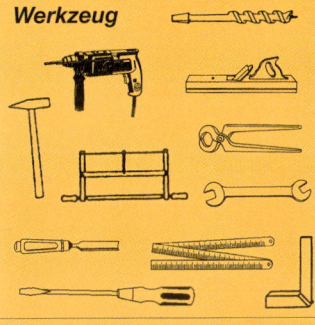

Schwierigkeitsgrad

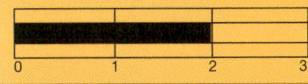

Kraftaufwand

Arbeitszeit
Für den Aufbau mit Hilfskraft, jedoch ohne Fundament, benötigen Sie 2 Tage.

Ersparnis
Sie sparen die Lohnkosten, die der Fachhändler Ihnen für die Montage berechnen würde.

Bei dem ab Seite 92 beschriebenen Gartenhäuschen handelt es sich um ein einfaches quadratisches Gebäude. Man kann ein Haus aber auch durch verschiedene Komponenten nach einem Baukastenprinzip vergrößern. Bei diesem Bauvorschlag handelt es sich ursprünglich um ein kleines Haus mit gut 7 m² Grundfläche, doch durch den Anbau (3,7 m²) und durch die Veranda (ca. 7 m²) lässt sich das Bauwerk beträchtlich erweitern. Das Haus gibt es in verschiedenen Größen. Bei der Vergrößerung müssen Sie daran denken, dass unter Umständen eine Genehmigung erforderlich wird.

1 Noch vor Errichtung des Gartenhauses sind die **Punktfundamente** unter den Hausecken gegossen. Davon sichtbar sind nur noch kleine erhabene Platten. Nachdem man alle Teile des Bausatzes sortiert hat, legt man zunächst die imprägnierten Balken auf.

Profitip
Legen Sie zwischen Holz und Fundament unbedingt eine Lage Dachpappe als Feuchtigkeitssperre auf.

2 Als mittlere Abstützung unter den Balken können auch Steine verwendet werden, die ebenfalls mit Dachpappe belegt werden.

1

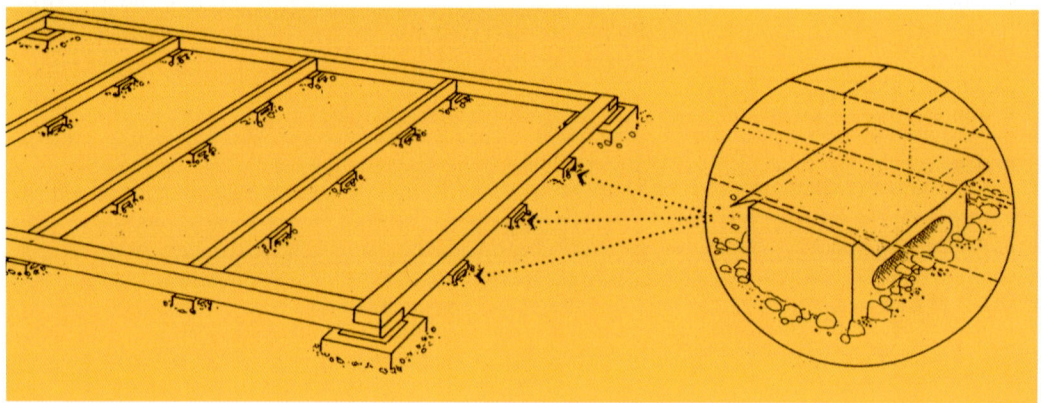

2

3

4

3–4 Die **Sockelbohlen** im Detail: Die Enden an einer Eckverbindung sind ausgeklinkt, die innenliegenden Bohlen stoßen stumpf zusammen.

5 Bevor Sie mit dem Verlegen des **Fußbodens** beginnen, muss zunächst der Rahmen genau ausgerichtet werden (Diagonalmessung). Die Fußbodendielen besitzen ein Nut- und Federprofil, sodass die Bretter nach dem Zusammenstecken eine massive glatte Fläche bieten. Zusätzlich befestigt man den Boden mit Schraubnägeln auf den Sockelbohlen.

5

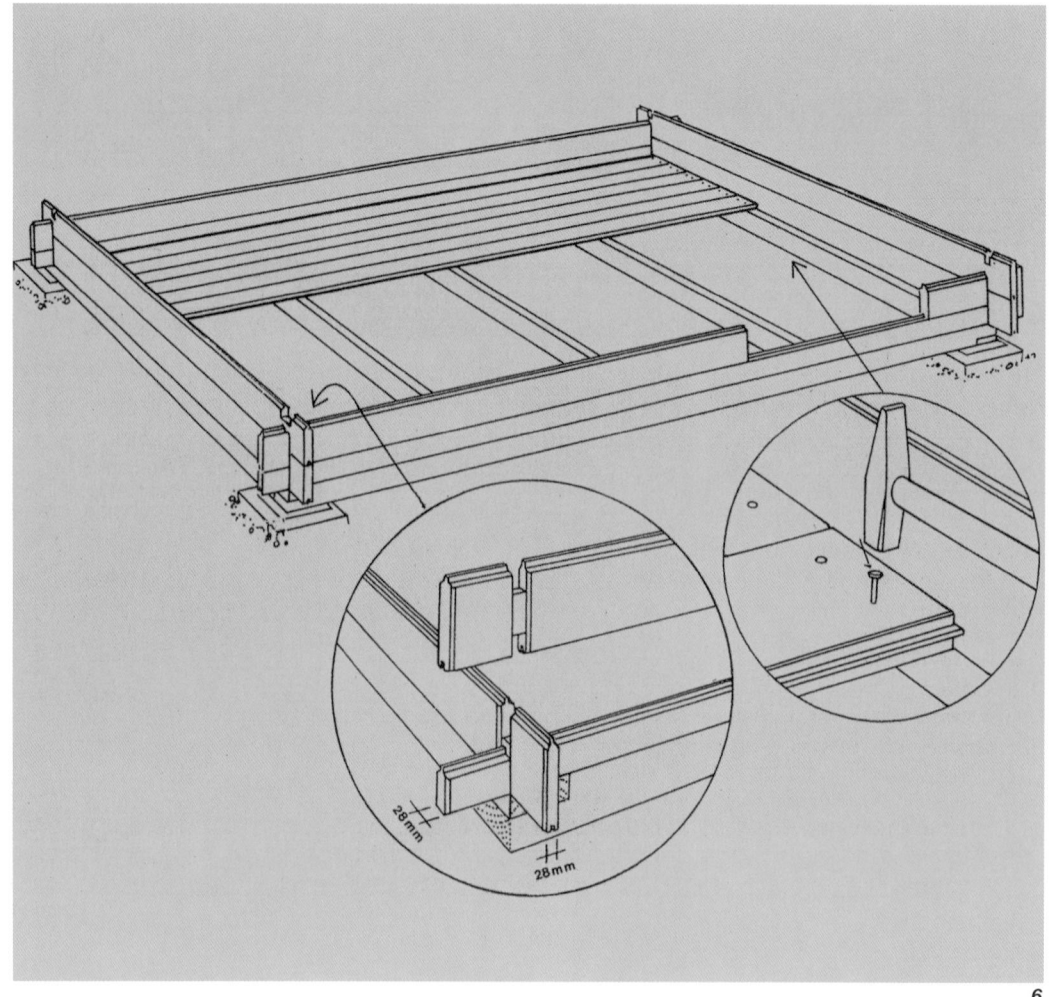

6

7

8

Bei Bedarf lassen sich die Metallverbinder wieder herausdrehen.

6 Passend zu Abb. 3–5 sehen Sie anhand der Zeichnung noch einmal wichtige Details der **Holzverbindungen:** Nachdem die unterste Lage der Wandbohlen an den Sockel geschraubt ist, werden die nachfolgenden Bohlen mit Nut und Feder lediglich aufgesteckt.

7 Während die **Tür** bereits mit Erreichen der dritten Lage eingesteckt wird, kommt das **Fenster** erst oberhalb der neunten Bohle

in die Wand. Tür und Fenster sind fertig verglast.

8 Wie schon beim vorangegangenen Bausatz steckt man das Blockhaus zusammen und setzt die Dachpfetten auf. Danach geht es erst einmal an der Veranda weiter.

9 Die **Plattform der Veranda** wird als nächstes gezimmert und mit den Punktfundamenten verbunden. Wie alle Bodenelemente bestehen auch diese Teile aus druckimprägnierten Hölzern.

9

10 Damit die **Eckpfosten** vorne auf der Veranda festen Halt auf dem Punktfundament finden, werden sie vierfach angeschraubt. Die Anker sind höhenverstellbar und bieten so jederzeit die Möglichkeit einer Korrektur.

11 Die **Dachbalken** der Veranda haben an den Enden ein entsprechendes Profil, sodass sie genau an die herausragenden Dachpfetten anliegen können.
Vor dem Verschrauben können Sie die Verbindung erst einmal provisorisch durch Schraubzwingen sichern.

12 Vorne am Verandagiebel sichert man die Balken durch Bandeisen.

13–16 Völlig unabhängig vom Haupthaus können Sie auch bei Bedarf noch ein **Nebengebäude** – etwa als Schuppen für Gartengeräte – links oder rechts des Haupthauses ansetzen.

Bauen Sie hierfür zunächst die drei Wände zusammen und setzen Sie es provisorisch auf die Punktfundamente, damit es beim Einpassen der Tür nicht zu sehr hakt (rechts).

10

11

12

13   14

16

Nach der Verankerung des An-
baus in der Seitenwand des
Haupthauses kommen Giebel und
Balken an die Reihe. Für einen
gleichmäßigen Übergang zum
Haus müssen die Giebel ge-
gebenenfalls beigehobelt werden.

17 Die Veranda verdoppelt die
Grundfläche des Hauses. Jetzt
fehlt nur noch das Dach.

18 Nachdem Sie eine Holzscha-
lung auf dem leicht geneigten
Dach angebracht haben, können
Sie es sowohl mit Schindeln als
auch mit Dachpfannen verkleiden.

15

17

18   **19**

19 Die Veranda wird zu allen Seiten hin durch **Holzgitter** aus Kiefer eingezäunt. Bei der Verschraubung der vielen Einzelteile
muss man natürlich auf gleiche
Abstände achten.

Auch der Giebel erhält ein pas-
sendes Gitterwerk (links), was
ihm optisch sehr gut bekommt.

20 Als **Verzierung der Giebel**
setzt man Blenden auf. Sie verdecken auch gleichzeitig die Enden der Dachpfetten, die dadurch auch gegen eindringende
Feuchtigkeit geschützt sind.

20

Eine kleine Laube mit Sitzbank

Material

Kiefer, kesseldruckimprägniert. Im Bausatz ist alles enthalten, was Sie zum Aufbau der Laube benötigen.

Werkzeug

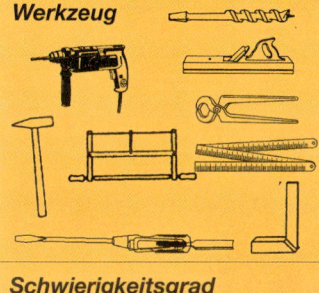

Schwierigkeitsgrad

| 0 | 1 | 2 | 3 |

Kraftaufwand

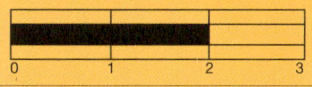

| 0 | 1 | 2 | 3 |

Arbeitszeit

Nur für Holzarbeiten, mit Hilfskraft, ohne Fundament, 1 Tag.

Ersparnis

Sie sparen die Lohnkosten, die der Fachhändler für die Montage berechnen würde.

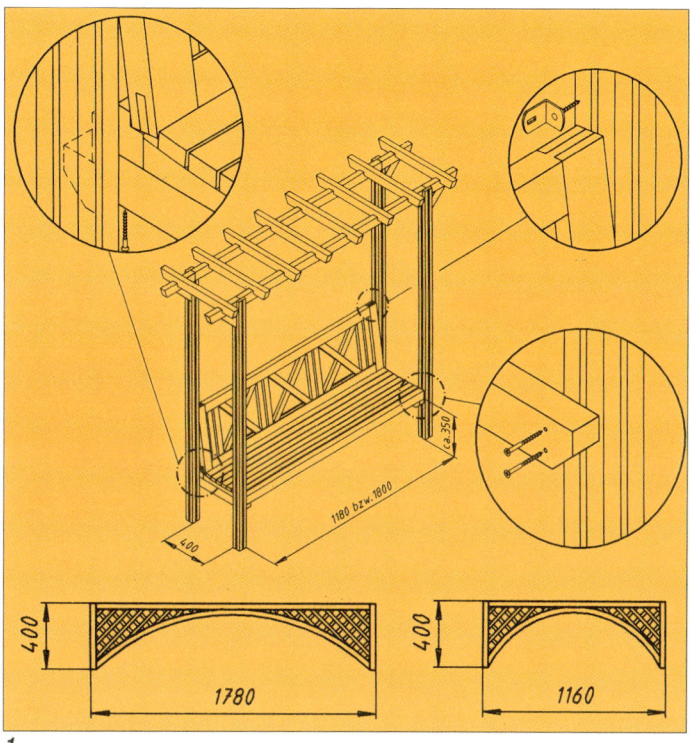

1

Diese gemütliche Sitzecke im Garten können Sie ganz einfach nach einem Baukastensystem zusammenstellen und variieren. Eine Montageanleitung ist im Bausatz enthalten. Pflanzkästen und Rankgitter ergänzen hier den Sitzplatz zu einer großzügigen Gartenlaube.

Bankfläche und Lehne sind in den im Boden verankerten Pfosten mit Schrauben und speziellen Elementhaltern solide befestigt. Einen zusätzlichen Schmuck bilden die kleinen Rundbögen, die in verschiedenen Größen erhältlich und mühelos anzubringen sind.

Sternpergola mit Sichtblenden

Material
Kiefer, kesseldruckimprägniert. Im Bausatz ist alles enthalten, was Sie zum Aufbau der Pergola benötigen.

Werkzeug

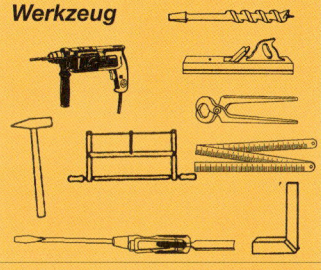

Schwierigkeitsgrad

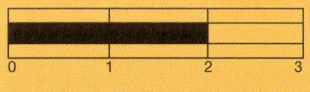

0   1   2   3

Kraftaufwand

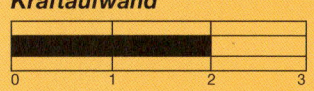

0   1   2   3

Arbeitszeit
Nur für Holzarbeiten, mit Hilfskraft, ohne Fundament, 1 Tag.

Ersparnis
Sie sparen die Lohnkosten, die der Fachhändler für die Montage berechnen würde.

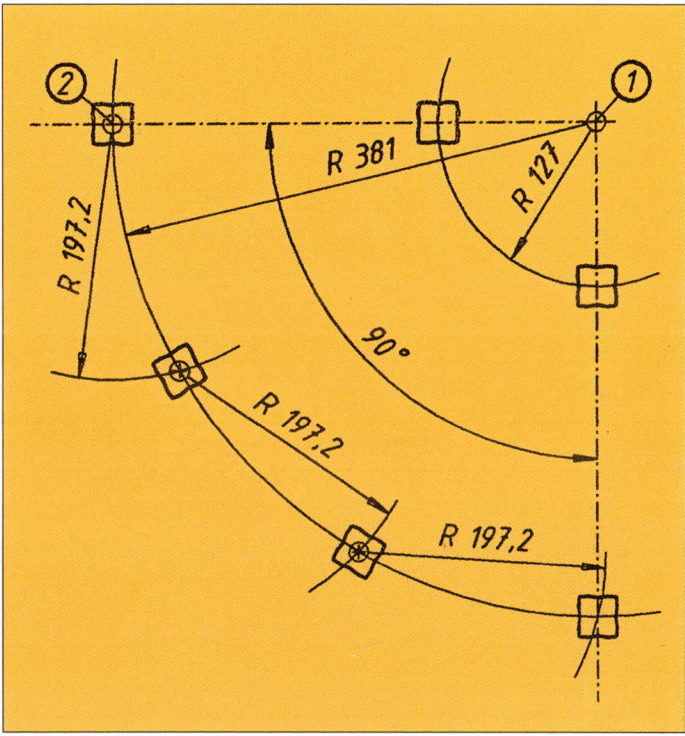

Zwischen die Pfosten dieser vorgefertigten Pergola in Viertelkreisform werden Sichtblenden und bewachsene Rankgitter eingesetzt. So wird eine Ecke Ihres Grundstücks schnell zu einer geschützten Gartenlaube. Mit einem Seilzirkel ermitteln Sie zuerst den Standort der sechs massiven, wetterfesten Pfosten. Auf ihnen ruhen die Rundbögen, die dieser Sternpergola ihre charakteristische Form geben. Kreuzhölzer sorgen für die Stabilität der Tragkonstruktion. Sie wird zuletzt mit strahlenartig angeordneten Reitern bedeckt.

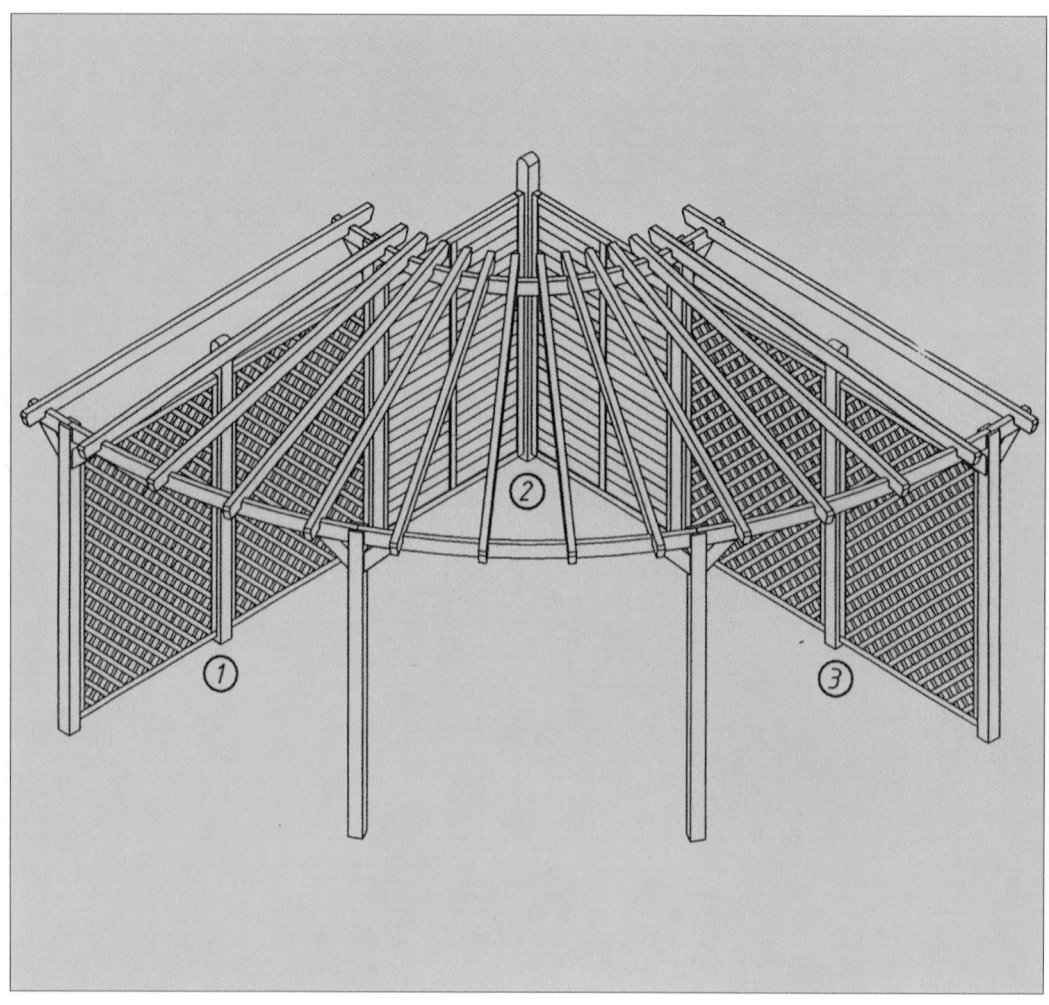

Wo finde ich was?

Sachwortregister

Notizen

Notizen

Notizen

Impressum

Genehmigte Lizenzausgabe der Verlagsgruppe Weltbild GmbH,
Steinerne Furt, 86167 Augsburg
Copyright der Originalausgaben
Selbst Wohngärten mit Holz kreativ gestalten © 2006 Compact Verlag München
Selbst Gartenhäuser, Lauben und Pavillons bauen © 2006 Compact Verlag München
Umschlaggestaltung: X-Design, München
Umschlagmotiv: mauritius
Gesamtherstellung: Typos, tiskařské závody, s.r.o., Plzeň
Printed in the EU

978-3-8289-2618-9

2011   2010   2009
Die letzte Jahreszahl gibt die aktuelle Lizenzausgabe an.

Einkaufen im Internet:
www.weltbild.de